ぼくも算数が苦手だった

芳沢光雄

講談社現代新書
1946

はじめに

「算数ができる」とはどういうことでしょう。計算がミスなくすいすいできる。いわゆる「難関中学」の入試に出るような問題も解けてしまう。そんなイメージでしょうか。だとすれば、私はまったく「算数のできない子ども」でした。

計算は遅いうえにミスばかりする。前著『数学的思考法』や『算数・数学が得意になる本』(ともに講談社現代新書)でも述べたように、タテ書きの掛け算では十の位を掛けた数も百の位を掛けた数も全部右端をそろえて足していたため、当然、テストは0点。文章題にいたってはチンプンカンプンで、自分で文章題を作る宿題をこっそり母親にやってもらって、その同じ問題が出題されたテストでさえも0点だったくらいです。

そんな私でも、しだいに数学的な遊びや話題に興味をもつようになり、素晴らしい恩師に出会ったこともあって、中学校2年の頃からは数学と物理ではほとんど満点以外の点をとらないようになりました。そしていま、曲がりなりにも数学者といわれる職業についているのです(現在は純粋数学から数学教育へ軸足を移していますが)。算数が苦手だからといって、自分は数学はダメだとか、この子は理数系はムリだとか、まして、頭の良し悪しまで判定してしまうなど、とんで

もない間違いだと思います。

　私の例では説得力がないかもしれません。世間では「数学者はみな、計算力や記憶力が優れていて、成績も小学生の頃からよかった」と思われているようですが、歴史に名を残した偉大な数学者を見ても、実はいろいろな〝エピソード〟をもっているのです。

　2次方程式は解（根）の公式で解けますが、5次方程式は一般には解けません。それを最初に証明したアーベル（1802-1829）は、貧しい牧師の息子として育ちました。彼は1815年にオスロの中学校に入りましたが、成績のよい生徒ではありませんでした。しかも彼の数学教師は乱暴者で、一人の生徒を死なせてしまったのです。当然、教師は解雇。代わりにやってきた新任の数学教師ホルンボエが、アーベルに興味をもち、高等数学の手ほどきを特別におこなったのでした。それがきっかけとなって、数学者アーベルは誕生したのです。のちにアーベルは、若くして数学者になれた理由をたずねられると、「偉大な数学者に学んだからだ」と答えています。

　相対性理論で有名なアインシュタイン（1879-1955）は、計算力がかなり弱かったこともよく知られていますが、小学生の頃は数学でも決して目立つ生徒ではありませんでした。のちに彼自身が「小学校の先生は軍曹のように、中学校の先生は中尉のように見えた」と述べているように、機械的に強制するような授業を非常に嫌っていたのです。アインシュタインの知的関心

は学校でなく家庭で、技術者の叔父や科学的読物によって育（はぐく）まれます。そして12歳のとき、学校の授業でつまらなくなってしまう前に……と手にとってみた幾何学の教科書を、数学理論の美しさにすっかり魅了されて最後まで読んだことが転機となって、アインシュタインの才能は開花した、といわれています。

　もちろん、早熟な天才型の数学者も数多くいます。19歳のときに正17角形の作図法を発見し数学者になる決心をしたガウス（1777-1855）は、作図可能な正 n 角形の n を分類したこと、あるいは「代数学の基本原理」などで有名です。彼の父は石屋で、毎週末に職人に渡す1週間分の給料計算をしていました。当時まだ3歳のガウスは、横から「パパ、計算が違うよ」と父の計算間違いを指摘したほどでした。

　このように、偉大な数学者や物理学者の中にもさまざまなタイプの人がいるのです。計算が得意な人もいる反面、苦手とした人もたくさんいます。入学試験に強かった人は多いのですが、弱かった人もいます。恋愛問題で決闘して世を去ったガロア（1811-1832）は、16歳と18歳のとき理工科学校を受験しましたが、いずれも落とされています。

　一つだけ断言できることは、数学者は誰でも、ねばり強く考え抜くことが得意だ、ということです。

　算数の成績が悪いからといって、数学の才能がないということにはなりません。子どもの算数の成績を上げるために、ストップウォッチをもってひたすら計算

ドリルをやらせたり、「やり方」を暗記させたりするのは、決して数学力アップにつながりません。「正解」という結果よりもむしろ、「なぜ？」「どうして？」と自問しながら、とことん考え抜くプロセスのほうが大切なのです。

別に子どもを数学者にさせたいわけでもないし、手っ取り早く算数や数学の成績を上げられればそれでいい、とお考えの方も多いでしょう。しかし、本当の意味で「数学上手」になるためには、試行錯誤しながら考え抜く力を育てるほうが早道なのです。

数学的な思考力と説明力を身につけておくと、どのような世界でも自信をもって生きていくことができると信じます。1875年から1879年まで東京大学工学部の前身である工部大学校で教鞭を執った英国のジョン・ペリー（1850−1920）は応用数学と数学教育で有名ですが、彼は数学学習の意義として「高次の感情を呼び起こし、心に喜びを与えること」のほか、次のような目的を挙げています。

「人に自己を求めて物事を考える重要性を教え、それによって現在の恐ろしい権力のくびきから自己を解放し、他人に服従しているか、他人を支配しているかにかかわらず、自己は最高の存在の一人なのだと確信させること」

前著『算数・数学が得意になる本』では高校の数学までを対象にしましたが、本書は「算数」の課程に絞

り込み、算数は苦手だった私がどのような経緯から中学時代には数学が得意になったのか、という流れを中心に据えて、子どもの「数学力」を伸ばすための重要なアイデアを余すところなく述べました。本書によって一つでも二つでも、子どもの算数・数学の学習についての有益なヒントを得ていただければ、この上なく嬉しく思います。

目　次

はじめに …………………………………………………………… 3

第1部　「数と計算」のつまずき …………… 11

1−1　「九九」は半分覚えればよい ………………………… 12
1−2　タテ書き掛け算・割り算のしくみ …………………… 20
1−3　その「＝」の使い方は正しい？ ……………………… 29
1−4　割り切れない分数はなぜ繰り返すか？ ……………… 37
1−5　5個の「5」と5cmの「5」 …………………………… 43
1−6　「7×0＝1」？ …………………………………………… 49
1−7　「全体を1とする」の意味は？ ………………………… 55
1−8　素数の夢 ………………………………………………… 63

第2部　「図形」のつまずき ………………… 71

2−1　父親流「面積導入法」 ………………………………… 72
2−2　空間図形が嫌いにならないために …………………… 83
2−3　グラフの意味を読み取る ……………………………… 90
2−4　正多面体のサイコロ …………………………………… 98
2−5　ゲームから始まった人生 ……………………………… 107

第3部 「文章題・論理力」のつまずき ····· 127

3−1 問題文の意味がわからない	128
3−2 問題文のあり方を考える	137
3−3 「単位」をしっかりと認識する	147
3−4 視覚を使って考える法	152
3−5 「その対象は一つしかないものか」	158
3−6 左と右をどう「定義」する？	166

第4部 「数学上手」への道 ····· 171

4−1 数学は仮定から始まる	172
4−2 多種多様な計算練習をおこなう	177
4−3 作図文や証明文を書く	184
4−4 一般数学書のすすめ	193

おわりに ····· 200

第1部
「数と計算」のつまずき

1-1 「九九」は半分覚えればよい

「7×9＝63」と「9×7＝63」

　小学生は2年生で九九を学習します。私は九九の暗記でつまずいた覚えはありません。ただ、それは苦労しなかった、ということではなく、単に当時を忘れてしまっただけのことです。物覚えの悪い子どもでしたから、きっと時間がかかったに違いありません。でもいつの間にか覚えていました。

　いまだって、「インイチガ　イチ（1×1＝1）」から「クク　ハチジュウイチ（9×9＝81）」まで全部暗誦してストップウォッチで計ったら、かなり遅いと思います。というのは、たとえば「9×7」（クシチ）のところでは一瞬止まってしまって、頭の中で「7×9」（シチク）とひっくり返してから「63」（ロクジュウサン）と答えを出すからです。後の数字より前の数字のほうが大きい組み合わせが「苦手」なのです。どちらも条件反射的に瞬時に答えが出てくるほどには、徹底して暗記していません。みなさんはどうでしょうか？

　さて、「掛け算九九」の学習に関しては、主に2つの問題があります。一つは「九九で忘れたものが出たらどう対応するのか」ということ、もう一つは「九九は全部を覚える必要があるのか」ということです。

　後者のほうから話を進めましょう。

最初に指摘しておきたいことは、81個からなる九九をすべて覚えれば、たくさんの掛け算を必要とするときの計算時間はそれだけ短縮されるということです。当然のことですね。しかしながら、少し遅くなったとしても、以下に述べる2つの型は**覚えないことのプラス効果**が小さくないものです。

　次の17個の掛け算を見てください。

　　$1×1$, $1×2$, $1×3$, $1×4$, $1×5$, $1×6$, $1×7$,
　　$1×8$, $1×9$, $2×1$, $3×1$, $4×1$, $5×1$, $6×1$,
　　$7×1$, $8×1$, $9×1$

　答えが変わらないことに、あえて注目して(子どもに注目させて)みましょう。およそ足し算で0を加えても、あるいは掛け算で1を掛けても、結果は不変です。すなわち、どんな数 a に対しても、

　　$a + 0 = 0 + a = a$　　…(1)
　　$a × 1 = 1 × a = a$　　…(2)

が成り立ちます。そして、そのような性質をもつ数は、足し算の(1)式に関しては0、掛け算の(2)式に関しては1しかありません。それだけ0と1は特殊な数であり、その認識は大切なものです。それゆえ、上記の17個の掛け算は覚えるより、そのつどしっかり確かめたいものなのです。

　余談ですが、専門の数学に群という概念があり、その理解を苦手とする学生に限って(1)式や(2)式に関する認識を軽んじています。

　続いて、次の28個の掛け算を見てください。

1-1　「九九」は半分覚えればよい　　13

3×2, 4×3, 4×2, 5×4, 5×3, 5×2, 6×5, 6×4, 6×3, 6×2, 7×6, 7×5, 7×4, 7×3, 7×2, 8×7, 8×6, 8×5, 8×4, 8×3, 8×2, 9×8, 9×7, 9×6, 9×5, 9×4, 9×3, 9×2

これらは前の数字が後の数字より大きいものですが、例として5×3を含めた3と5に関するさまざまな演算を見てみましょう。

$3+5=8$, $5+3=8$, $3\times5=15$, $5\times3=15$,

$3-5=-2$, $5-3=2$, $3\div5=\dfrac{3}{5}$, $5\div3=\dfrac{5}{3}$

この例を見るまでもなく、足し算と掛け算は演算の順序を交換しても結果は同じ(交換可能)であるのに対して、引き算と割り算は演算の順序を交換すると一般に結果は異なります。甘いものを食べてから酸っぱいものを食べるのと、酸っぱいものを食べてから甘いものを食べるのとでは後味が違うように、世の中の多くの現象は交換可能ではありません。それだけに、**足し算や掛け算の交換可能性**は何度認識しても認識しすぎることはないほど大切な性質なのです。

$$3\times5=5\times3 \quad\cdots(3)$$

に関しては、下図のようにして理解できます。

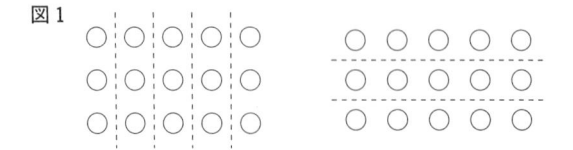

図1

「ゴサンはサンゴだから15」と頭の中で口ずさむとき、図1までをも意識するかどうかは別としても、少なくとも (3) 式にある積の交換可能性は意識していることになります。

ところが、「ゴサン ジュウゴ」を「サンゴ ジュウゴ」と別に暗記していて、5×3の計算時にはその暗記だけに頼っていると、積に関する交換可能性の意識は徐々に薄れてきます。

ですから、掛け算九九は81個全部を瞬時に言えるようになるまで覚える必要はありません。いま見た2つの型、つまり交換可能性と、先の「1」という数字の特殊性を考慮すれば、半分程度覚えればよいのです。「インイチガ イチ、インニガ……」などと、一の段から何度も何度も唱えさせる意味はないでしょう。

私の手元に『塵劫記(じんこうき)』という、江戸初期に書かれた和算書があります。江戸時代を通じて最も読まれた「数学の教科書」と言われていますが、私にとっては小学校時代の恩師にいただいた、思い出深い書です。それを久しぶりにひもといてみると、「かけ算九九」の項には、たった36個しかありませんでした（次ページ図版参照）。

もちろん、一の段から九の段までお経のように唱えることでリズムよく覚えられることは否定しませんし、足し算と掛け算での交換可能性については別途説明すればよい、という反論もあるでしょう。

『塵劫記』(寛永11年刊本より。阪本龍門文庫所蔵)

　たしかに、5×3の計算を用いるときは「ゴサン」と「サンゴ」の両方を覚えていたほうが早く処理できます。しかし、そのほんのわずかな時間を浮かすために条件反射的な暗記を強制して、大切なことを忘れさせていくのでは、本末転倒なのです。

「計算が速くなると頭がよくなる」という迷信

　次は、もう一つの「九九で忘れたものが出たらどう対応するのか」という問題です。あなた自身は忘れることはなくても、子どもが忘れてしまったらどうするか。これについては、九九の表を見直して、もう一度覚え直すことを思いつくでしょう。もちろん、そのような学習法を否定するものではありませんが、私はあえて次に述べる方法を勧めたいのです。

　たとえば、「ロクシチ　シジュウニ (6×7 = 42)」を忘れたとき、九九の表を見直してそれを覚え直すので

はなく、

$$6 + 6 + 6 + 6 + 6 + 6 + 6 = 42$$

という計算を実際におこなうことです。すなわち、6に6を足して12、それに6を足して18、それに6を足して24、それに6を足して30、それに6を足して36、それに6を足して42、というように掛け算の約束に戻って、7個分の6を加え、合わせて42というように導くのです。

そのようにして導いたとき、一度は「ロクシチ シジュウニ」を覚えているので、「あっ、そうだ」とうなずいてそれを思い出すことでしょう。大人からすれば、そんな悠長な、という感想があるかもしれません。しかし実は、そのような学習法を小学生のときに身につけると、中学生そして高校生になったときには大きな財産となっているのです。

中学校では直角三角形に関する三平方（ピタゴラス）の定理、中学校から高校にかけては2次方程式の解（根）の公式、高校では三角関数の加法定理など、本格的に数学を学び始めるといくつもの公式が現れます。それらを学習するとき、数学として一番大切なことは自分自身の力で導くことです。

実際、何年か前に東京大学をはじめいくつかの大学の入学試験でそのような問題が出され、受験業界で話題になったことがありました。「そのような問題こそ真の学力を見る良問である」という主張が広範に現れたことを思い出します。

その一方で、「数学も暗記科目である。とにかく公式を丸暗記して、数字を当てはめて答えを出せばよい」と言う人は後を絶ちません。しかしながら、そのような場当たり的な学習法では、数学として最も大切な、自分自身で組み立てる力は育まれないのです。

　そのような学習法を信じる方々は当然、「九九なんか忘れたら、すぐに表を見て覚え直せ」と言うことでしょう。時間がないときにはそれも結構なことですが、余裕があるときには是非、前述の「ロクシチ シジュウニ」のように足し算を何回かおこなって思い出す方法を実践してもらいたいものです。忘れたものは自分自身で工夫して思い出す癖を小学生の段階で身につけておけば、中学生そして高校生になったとき、たとえ公式を忘れたとしても、自分自身でそれを導き出す力をもった生徒に育つことでしょう。

　ひと頃、10×10のマス目に100個の数字を式も省いて急いで書き込む計算練習が流行り、テレビでも喧伝されたことがありました。その奇妙な計算の後ろ盾にもなっていた面もある「脳トレ」の効果のほどは、複数の脳科学者による批判（「週刊朝日」2007年11月16日号など）もあり、ようやく評価が定まった感がありますが、「計算が速くなると頭はよくなる」という日本固有の迷信を一刻も早く過去のものにしないと、OECDによる国際学力調査（PISA）で、日本の成績はますます下がっていくことでしょう。PISAの試験で大切にしているのは計算の処理能力ではなく、自分自身で考

え、筋道立てて説明する力だからです。九九の暗記よりも、もっと大事なことがあります。

ここ数年、私は、「16÷4÷2」や「5＋4×3」のような3項での計算練習を忘れて3×4のような2項の計算練習だけおこなっていると計算規則がきちんと身につかない、ということを著書、新聞などで繰り返し主張してきました。そして、国立教育政策研究所が2006年7月に発表した学力調査等でそれは裏付けられました。「3＋2×4」の正答率が4年生で74%、5年生で66%、6年生で58%と、学年が上がると逆に悪くなる異常現象が見られたのです。九九のスピードを競うヒマがあったら、3項での計算をじっくり練習することを忘れないようにしましょう。

1−2　タテ書き掛け算・割り算のしくみ

なぜタテ書きの計算が大切なのか

　何度も引き合いに出しますが、私の記憶にある最初の算数での「つまずき」が、タテ書きの掛け算でした。またそれが数学にのめり込んでいく転機にもなったのでした。

　大方の人たちは、難なくタテ書きの計算を身につけられたことでしょう。しかし小学生の私がなぜ引っかかってしまったのか、どうやってその理屈を理解できたのか。それをここであらためて説明するのは、ある年輩の方から質問を受け、私自身にとっても勉強になったという思いがあるからです。

　私は2007年4月に現在の職場に移ってきました。さまざまな学問領域の壁を乗り越えてそれらを横断的に学ぶ目的をもった「リベラルアーツ」の考え方に共感したからです。前任の大学でもそうでしたが、私はオープンキャンパスでの模擬授業や大学公開講座での講師などの仕事は積極的におこなうようにしています。その年の10月におこなわれた大学公開講座では、「三つ子の魂百まで」と題して、主に地域の年輩の方々を対象に講演しました。その講演後に、質問をいただいたのです。それがタテ書きの掛け算についてのことでした。

2桁、3桁以上の掛け算を筆算でおこなうとき、掛ける数の一の位から計算し、その結果を一の位、十の位、百の位となるにしたがって、1つずつ左にずらして書いていきます。ところが私はそれを習いはじめた頃、図1のようにずらすことをしなかったため、タテ書きの掛け算の練習問題はすべて間違ってしまいました。

図1

```
      462
    ×376
    ────
    2772    …1段目
    3234    …2段目
    1386    …3段目
    ────
    7392
```

　もちろん正解は、下の図2のように、1つ位が上がるごとに1つ左にずらして書いてから足し合わせるやり方です。

図2

```
       462
    ×  376
    ──────
      2772    …1段目
     3234     …2段目
    1386      …3段目
    ──────
    173712
```

前著『算数・数学が得意になる本』にも書きましたが、図2の途中にある3234は32340の最後の0を省略したものであり、1386は138600の最後の2つの0を省略したものです。

ところが私は習い始めの頃、数字の末尾の0や00を省略するような記法があるとは考えもしなかったのです。だからこそ意味もわからずに、ただ図1のように右そろえで計算していました。親や先生に教えられ、自分でも図2のように計算する本当の意味がようやく理解できたとき、「数字の末尾の0や00は省略しないほうがいいのに」と思い、その意識はずっともち続けていました。

そして2003年頃のこと、インドの小学生向けの教科書には図3のように、末尾の0や00をきちんとつけた記法で記述されていることを発見し、40年以上昔の間違った計算を懐かしく思い出したわけです。

図3
```
        4 6 2
   ×  3 7 6
   ─────────
      2 7 7 2    …1段目
    3 2 3 4 0    …2段目
  1 3 8 6 0 0    …3段目
   ─────────
  1 7 3 7 1 2
```

さて、講演後の質問とは、次のようなものでした。
「実は約70年間というもの、タテ書きの掛け算は正し

くできていましたが、(図2のように)ずらして書いて正しい答えが導かれる理由がいま一つわからなかったのですが……」

たしかに、ただ0や00を省略したものだというだけでは、タテ書きの掛け算の理屈を説明したことにはなっていません。そこで、次のようにゆっくりと丁寧に説明しました。

まず、

462×376

とは、462が376個分集まったときの数です。この376個は、

$376 = 6 + 70 + 300$

と考えると、6個と70個と300個に分かれることがわかります。したがって、

462×376

は、次の3つの合計と等しくなります。

$462 \times 6, \ 462 \times 70, \ 462 \times 300$

すなわち、

462×376
$\quad = 462 \times 6 + 462 \times 70 + 462 \times 300$

となります。ここで、

$462 \times 6 = 2772$ …①
$462 \times 70 = 32340$ …②
$462 \times 300 = 138600$ …③

です。見ておわかりのとおり、図2や図3の1段目は①式を意味し、2段目は②式を、3段目は③式を意味

していることになります。とくに図3の0を省略しない書き方は、この計算のしくみを表していることがわかるでしょう。

そして言うまでもないことですが、図2や図3の最終段は、①式と②式と③式の合計である、
　2772 + 32340 + 138600 = 173712
を意味しています。

以上のような説明の後、「初めてわかりました。ありがとう」と言っていただき、私も感激しましたが、こうして見ると、図2や図3のようなタテ書きの掛け算は、
　462 × 376 = 173712
の途中にある**プロセスをよく書き残している**ものであることがわかるでしょう。このことに充分留意していただきたいと思います。

ここからはお子さんたちへのアドバイスになりますが、実際に計算問題や文章題を解くときに、必ず計算用紙を用意することを勧めます。不要になったコピー用紙でも裏の白いチラシでもいいですから、メモ用紙でなく大きめの紙をふんだんに用意し、計算のプロセスを大きくはっきりと書き残していく癖をつけるのです。タテ書きの筆算はとかく問題用紙の隅にこちょこちょと書きがちですが、計算のプロセスを別にはっきり残すことで、間違えたときに後で確かめやすくなりますし、自分が何を求めようとしているか、頭の整理にもつながるからです。

タテ書き割り算の意味を考えてみる

次に、タテ書きの割り算はどういう計算のプロセスを意味しているのかを考えてみましょう。

その議論に入る前に、**割り算には2通りの解釈があること**を、

$$6 \div 2 = 3$$

によって確認しておきます。

一つは、6人あるいは6mを2つに分けると、3人あるいは3mになるという考え方です。

もう一つは、6人あるいは6mには、2人あるいは2mが3個分入っているという考え方です。

このような2通りの解釈を保証しているのが、前節でも触れた、掛け算に関しての交換可能性です。すなわち、ここでは、

$$2 \times 3 = 3 \times 2$$

を暗黙のうちに用いているのです。これら2通りの解釈はどちらも大切です。前者は余りのある割り算で、後者は余りのない小数計算や分数を用いた割り算の理解に有効です。

たとえば、

$$17 \div 3 = 5 \cdots 2$$

は、17個のアメ玉を3つに等しく分けようとすると、5個ずつの3つの山と残り2個になることを意味します。

また、

$$6 \div \frac{4}{3} = 4.5$$

は、6mのリボンを $\frac{4}{3}$ mずつに分けると、4.5本のリボンができることを示します。

さて、ここから前項で扱った掛け算の逆の演算ともなる、

$$173712 \div 462 = 376$$

を用いてタテ書き割り算の記法について説明しますが、割り算の解釈では後者の考え方を用いることにします。すなわち、173712の中に462は何個分あるか、ということを考えます。

計算の途中のプロセスを書き残している記法であるタテ書きの割り算でその計算を行うと、図4のようになります。

図4

```
              376
      462 ) 173712
            1386
             3511
             3234
              2772
              2772
                 0
```

図4の上段で3が百の位の上に立つことは、次の関係を意味します。

$$462 \times 300 \leqq 173712 < 462 \times 400 \quad \cdots ④$$

すなわち、173712は、462の300個分以上であり、462の400個分未満であることを意味しているのです。3が立つところの計算では、173712の下2桁の12は無視していますが、これはどういうことでしょうか。

$$462 \times 100 = 46200$$
$$462 \times 200 = 92400$$
$$462 \times 300 = 138600$$
$$462 \times 400 = 184800$$
$$\vdots$$

であるので、下2桁が00であろうと99であろうと、④式としての表示に変わりはありません。すなわち、次の3式はどれか1つが成り立つならば、他の2つも成り立つのです。

$$462 \times 300 \leqq 173700 < 462 \times 400$$
$$462 \times 300 \leqq 173712 < 462 \times 400$$
$$462 \times 300 \leqq 173799 < 462 \times 400$$

では、図4の中段にある3511の意味はどうでしょうか。173712から462の300個分を除いた余りは35112になります。けれども、173712の中に462は300個以上310個未満、310個以上320個未満、320個以上330個未満、……、390個以上400個未満のどれが入るのかを探し求めるとき、35112の末尾の2は無関係なので省略しているのです。

そして、図4の上段の2番目(十の位)に7が立つということは、173710から173719までの数の中には

462は370個以上380個未満入ることを意味しています。

　最後に、図4の下段にある2つ並んだ2772の意味を考えましょう。これは、173712から462を370個分除いた余りは2772になり、その2772の中には462がぴったり6個（最上段の末尾の数字を参照）入ることを意味しているのです。

　こうしてタテ書き割り算の記法を細かく見ていくと、割り算の商を大きな位の数字から順に求めていくプロセスを書き残していることがわかります。タテ書きの割り算はみなさんにとって、理屈など考えずに「やり方」だけを覚えて機械的に作業してきた典型のような計算かもしれません。しかし、こうしたプロセスをたどってみることは、まさに数学的思考をおこなうことそのものなのです。

　なお、小数を含むタテ書きの割り算は、「やり方」だけを覚えた人にとってはさらにつまずきやすいポイントの一つですが、これは割る数と割られる数の両方に同じ数（10、100、1000など）を掛けても商は変わらないことを利用すれば、あとは上と同じ理屈です。もちろん、余りのある場合は別に注意しなくてはなりません。

1−3 その「=」の使い方は正しい?

なぜ大学生までが乱用するのか

この節では算数の段階からぜひ注意しておきたい点として、等号「=」を取り上げたいと思います。

「=」はとても便利な記号です。算数や数学でなくても、メモやノートをとるときなどに日常的に使っている方も多いでしょう。ただ、こと算数や数学においては、正確に使う必要があります。私はこれまでも著書や講演などさまざまな場面で、「=」の乱用を戒める提言をおこなってきました。教員研修会の講演後に現場の先生方に書いてもらうアンケートでも、「あらためて『=』を生徒にきちんと使わせなくてはならないと思った」という感想がよく寄せられます。

まず、「=」の乱用の代表的な例をいくつか紹介しましょう。

【例1】

方程式 $2x = 6$ を解くときに、

$2x = 6 = x = 3$

というように、両辺を2で割った前後の式の間に「=」を入れてしまう。

【例2】

　なんの約束事の説明もないまま、
　　　山田＋佐藤＝田中＋鈴木
というような自分勝手な式を平気で書く（ただし、「各人の名前はそれぞれの所持金を表す」といった但し書きがあれば構わない）。

【例3】

　妻が単独で2、夫が単独で3の力を出せる仕事があって、二人が協力すると6の力を出せるとき、
　　　$2 + 3 = 6$
というような数学として許されない式を書く。

　その他、「＝」の乱用に関してはさまざまなものがありますが、そうした乱用をしてしまう生徒の意識に関して、最近、新たなことがわかりました。

　実は数学科の大学生にすら、等号「＝」の誤った使い方が見られます。そこで私はなぜ乱用をするようになったのか、当の学生たちにことあるごとにヒアリングをしてきました。すると、「本当は等しくないものに『＝』の使用が許されているのを見て、それならば自分も使っていいと思った」という声が非常に多かったのです。しかし、彼らが「本当は等しくないのに」使われていると思った等号の用法は、実は正しい使い方でした。つまり、みずからの**理解不足による思い違いが等号の乱用を許す態度を育ててしまったケースが**

よくあるということがわかったのです。

　そのような、正しく使われている等号「＝」で、「正しくないのに使われている」という誤解を招きやすい事例は、方程式、ベクトル、極限など中学校以降で扱う事項に顕著に見られます。そこで算数を扱う本書では、のちのちの注意のために、比、三角形の面積公式、無限小数表示を取り上げて「＝」の考え方を説明することにしましょう。

比における等号の用法

　「比」の概念は、導入のときに子どもが苦労する代表格と言っていいでしょう。私自身も、「何をわけのわからないことをやっているんだろう」と感じたことを覚えています。

　さて、比における「＝」の用法を説明しましょう。
$$2:3=4:6 \quad \cdots\cdots ①$$
これはもちろん正しい用法です。比に登場する数は、0を除外しています。ですから、上式の2や4のような前項を3や6のような後項で割ることができます。そして、前項を後項で割った商が等しいときのみ、そのような比はすべて等しいと考えます。
$$\frac{2}{3}=\frac{4}{6}$$
ですから、①式は正しいわけです。同様に、
$$2:3=4:6=10:15=50:75$$
は正しい表現です。ところが、

$2 \div 3 \neq 2 \div 5$

なので、

$2:3 = 2:5$

は誤った表現ということになります。

今度は一方に単位をつけてみましょう。

$2\,\text{m} : 30\,\text{cm} = 20 : 3$

これは正しい表現です。

そもそも比は「比べる」ことから来ていて、

父親の体重：弟の体重＝70kg：35kg＝2：1

長方形のたての長さ：長方形の横の長さ
　＝15cm：20cm＝3：4

女子の人数：男子の人数
　＝125人：150人＝5：6

というように、前項は後項の何倍かということを単純に考える場合に、よく使われます。

しかしながら、次のように拡張して使われる場合もよくありますから、注意しましょう。

たとえば3.6kmを1時間で歩くような場合、

$3.6\,\text{km} : 1\,\text{時間} = 3600\,\text{m} : 60\,\text{分} = 60\,\text{m} : 1\,\text{分}$

と書きます。このように、単位の異なる2つの量が正比例するような場合にも、比は使われるわけです。

念のため、ここで正比例とは、一方が2倍になると他方も2倍、一方が3倍になると他方も3倍、一方が4倍になると他方も4倍になるような、図1のようなグラフで表せるものです。

図1

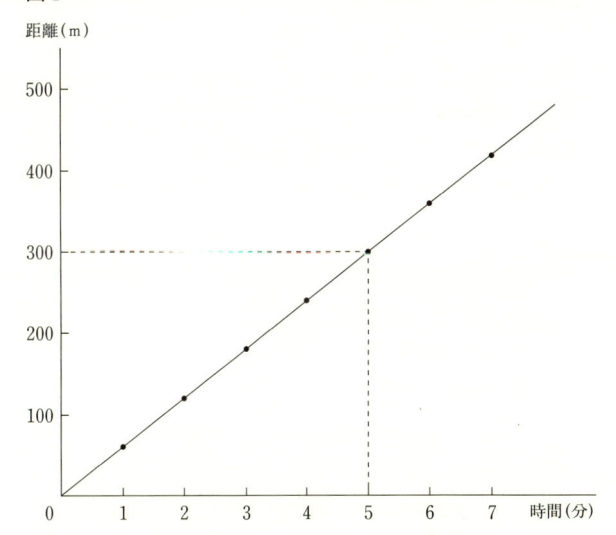

距離(m)

　さらに、地図の縮尺で「1：1000000」といった表示が見られますが、このように「長さ」の倍率を示す場合もあります。

　これには注意が必要です。たとえば、その縮尺の地図上の長さが1cmならば、実際の距離は

　　1cm×1000000＝1000000cm＝10km

となりますが、地図上で一辺が1cmの正方形の実際の面積は、1000000cm²ではありません。それは

　　1000000cm×1000000cm＝1000000000000cm²

　　10km×10km＝100km²

となります。実はは小学生の頃の私にはこれがなかなか

理解できませんでした。どのように克服したかは〈2－1〉で述べますが、大切なのは次のことです。地図の縮尺が

　　1：1000000
ということは、

　　地図上の長さ：実際の長さ＝1：1000000
であり、

　　地図上の面積：実際の面積
　　　＝1×1：1000000×1000000
　　　＝1：1000000000000
ということなのです。

一般的な等式と具体的な等式

次に、三角形の面積の公式に関して、等号「＝」の使い方を確認しておきましょう。下の2つの等式を比べてみてください。

　　三角形の面積＝底辺×高さ÷2　　……①
　　7＋4×2＝7＋8＝15　　……②

もちろん①②のどちらも正しい表現ですが、②式は

図2

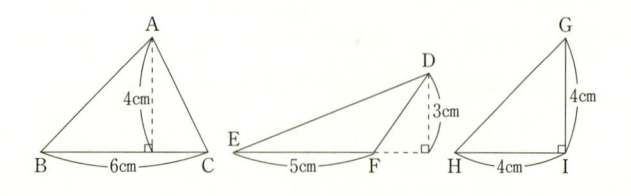

7，4，2という特定の数値だけに限定した式です。それに対して①式は、図2のように、あらゆる三角形に適用する一般的な式なのです。

ところが、具体的な三角形ABCに対して

　　三角形ABCの面積＝底辺×高さ÷2

と書くと、右辺の底辺とか高さは三角形ABCの底辺と高さに限定して考えることを示すことになります。

以上のように、同じ「＝」を使っても、一つの限定した場合を表現するときと、一般にあてはまる場合を表現するときと、2通りの使用法があることに注意してほしいのです。「＝」の用法とともに、一般式と具体的な計算式との違いを認識しておくことは、中学、高校と数学を学んでいくうえで有益だからです。

無限小数と「＝」

次の4つの式を見てください。

$$\frac{1}{3} = 0.3333\cdots$$

$$\frac{1}{11} = 0.090909\cdots$$

$$\pi = 3.14159265\cdots$$

$$0.9999\cdots = 1$$

これらの「＝」の使い方は正しいでしょうか。もしかして、4つのうちのどれかは近似記号「≒」を使うべきではないのでしょうか。

このような無限小数を見ると、「これは小さい数字が少しずつ限りなく加えられている数字で、だから動いている数字ではないか」という印象をもつ人が少な

くないと思います。しかしながら、無限小数は必ずある一点に収束することがわかっていますので、決して〝動いている〟数字ではありません。そうではなく、1や2や0.5と同じように〝止まっている〟数字なのです。

したがって、上式における「＝」は、すべて正しい使い方です。「本当は近似記号『≒』を使うべきところを、えい、まあいいか、『＝』を使っちゃえ」といういい加減な気持ちで使っているのではなく、厳格に使っているのです。

料理における包丁、探検における地図のように、どの世界にも粗末に扱ってはならない本質的に大切なものがあります。数学においては、まさに等号「＝」がそれに相当するでしょう。それを粗末に扱っている人が生徒のみならず、教育関係者にまで後を絶たないことは、残念でなりません。

小学生のうちから、「＝」を正しい使い方できちんと書くことを練習しておくことです。それは計算処理能力を競うことよりも、ずっと大切なことなのです。

1 ― 4　割り切れない分数はなぜ繰り返すか？

割り切れると気持ちがいい

　この節では、算数の苦手だった私が数学の面白さにしだいに引き込まれていった一例を紹介しましょう。分数の分子を分母で割って、小数に直してみたときの話です。

　電卓で1÷81を入力すると、私のもっている機種では、

　　1 ÷ 81 = 0.012345679

と画面に出ます。この小数点以下の数字を見ていると、最後は0.0123456789…と続いて、小数第10位で四捨五入して小数第9位の8が9になったのではないか、と思わず想像したくなるものです。しかし実際は、

　　1 ÷ 81 = 0.01234567901…

となっています。

　このように、分数を小数で表してみると、意外と面白い表示が現れるもので、それから数学に興味をもった人もいるくらいです。

　小学生の頃、担任の先生が黒板で割り算をおこなっているのを見ているとき、

　　31 ÷ 64 = 0.484375

のように、長い小数が続いて最後にぴったり割り切れると、思わずパチパチと手をたたいて拍手していたこ

とを思い出します。反対に、
　　2 ÷ 13 = 0.153846153846153846…
のように、いつまでも無限に繰り返す小数を見ると、なんとなく後味の悪い気持ちになってしまいました。

　そこで、自分でもたくさんの分数を小数に直してみることにしました。そして、分数を小数に直すとぴったり割り切れるか、いつまでも無限に繰り返すかのどちらかであることを、しだいに経験的に感じ取っていったのです。

　もっとも、計算が得意でなかった私は、途中で何度も計算間違いをしましたが、そのときだけは"繰り返さない分数"を発見した気分になって、友だちに自慢しました。すぐに友だちに検算をされて、そのつどがっかりするのですが、再び無駄なチャレンジをしていたものです。いまから思うと、懲りずにそんなチャレンジを続けたことが、多少の計算力アップにつながったかもしれません。

タテ書きでわかる「繰り返す理由」

　そんな苦い経験を積んでいただけに、小学５年で円周率が登場して、円周率は
　　3.1415926535897932…
と無限に続くけれども、どこまでいっても繰り返さないんだよ、と聞かされたとき、子どもながらに「そんな馬鹿な」と思ってしまいました。

　ほどなくして先生から、「円周率は分数では表せな

い数です」と教えられ、円周率に関しては「へえ、そんな数字もあるのかな」という気持ちになったのです。同時に疑問も湧きました。「だったら、割り切れない分数は本当に繰り返すのか？」と。

疑問はますます大きくなりました。ところが何人かの友だちにたずねても、「おいヨシザワ、それは繰り返すものなんだよ。ハッハッハッ」と笑われるばかりです。ではなぜ、割り切れない分数は繰り返すのか？

前後して私は、リウマチ熱にかかって学校を長期間休みました。心配に思った先生が自宅に来られ、お見舞いに図鑑をもってきてくださいました。驚いたことに、それは「数」に関する図鑑でした。あわせてもってきてくださった算数試験の答案は0点に近かったにもかかわらずです。成績は悪くても、私が数に興味をもっていたことを感じ取ってくださった先生には、いまもって感謝しています。

「本当は模型に関する図鑑だったらもっとよかったのに」などと思いながらその図鑑を見ていると、大昔の数を表す記号などに興味を引かれました。しかし、残念ながら割り切れない分数に関する説明はありませんでした。

結局、その問題については気に留めることもなく過ごしてしまい、自分自身で納得できる説明に出会ったのは中学生になってからのことでした（〈4－4 一般数学書のすすめ〉参照）。

以下に、「1÷7」という具体例を用いてその説明

をしましょう。

図1
```
          0.1428571…
      7 ) 1.0
          7
          ─────
          3 0        ←第1段
          2 8
          ─────
            2 0      ←第2段
            1 4
          ─────
              6 0    ←第3段
              5 6
          ─────
                4 0  ←第4段
                3 5
          ─────
                  5 0 ←第5段
                  4 9
          ─────
                    1 0 ←第6段
                     7
          ─────
                     3 ←第7段
```

　第1段から第7段までの余りに注目してください。それらは順に、3，2，6，4，5，1，3となっています。各段における7で割った余りは、0以上7未満の整数であるので、0，1，2，3，4，5，6のどれかです。

　したがって、割り切れないまま無限に小数が続くならば、各段の余りは必ず0，1，2，3，4，5，6

のどれかになり、それらのある数字は2回以上現れなくてはなりません。ここでは、第1段と第7段の「3」がそれを表している最初の数字です。

第1段と第7段で同じ余りが出たということは、どちらも同じ7で割るので第2段の余りと第8段の余りは同じになり、それゆえ第3段と第9段の余りは同じになり、……、と、以下同様に続くことになります。そして、それが第7段と第13段の余りが同じところまでいけば、後は第1段から第6段を一つのセットとした繰り返しが続くことは明らかでしょう。

上記より、一般に正の整数 m と n に対して $m \div n$ を考えると、次のことがわかります。

> 割り算 $m \div n$ が割り切れないで無限に小数が続いたとしても、繰り返す小数の周期は $n-1$ 以下である。

最後に、無限に続く小数を分数に直す方法を2つの例を用いて紹介しておきましょう。

【例1】
$$x = 0.\overset{..}{1}\overset{}{9} = 0.191919\cdots$$
$$100x = 19.191919\cdots$$
$$100x - x = 19$$
$$99x = 19$$

$$x = \frac{19}{99}$$

【例2】
$$x = 0.\dot{7}6923\dot{0} = 0.769230769230769230\cdots$$
$$1000000x = 769230.769230769230769230\cdots$$
$$1000000x - x = 769230$$
$$999999x = 769230$$
$$x = \frac{769230}{999999} = \frac{85470}{111111}$$
$$= \frac{7770}{10101}$$
$$= \frac{1110}{1443} = \frac{370}{481} = \frac{10}{13}$$

いかがでしたか? 次節からは、「数の性質」について考えていくことにしましょう。

1－5　5個の「5」と5cmの「5」

「5」という数の教え方

　最初から少し困った質問を出しますが、
「5って何？」
と小さな子どもに突然聞かれたら、たいていの大人は慌てるのではないでしょうか。
「1の次は2、2の次は3、3の次は4、4の次が5なんだよ」
というふうに答えるかもしれません。そのとき、もし近くに小学校高学年の子がいて、
「だったら4.6の次は何なの？　4.61なの？　それとも4.7なの？」
などと質問されようものなら、きっと答えに窮してしまうでしょう。
　そこで、
「いくつかのものを並べたとき、最初のものに親指、次のものに人差し指、その次のものに中指、その次のものに薬指、その次のものに小指をあてて、ぴったり終わったとき、そのものの数を『5』と言うんだよ」
と答えたとしましょう。そのとき、たとえば次ページ図1のように皿に団子を載せて、次のように質問するちょっと意地悪な人が現れるかもしれません。

図1

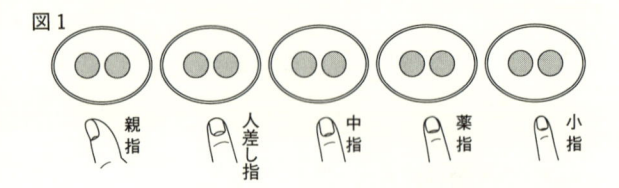

親指　人差し指　中指　薬指　小指

「私は全部の皿に、このように親指から小指までをぴったりあてました。そうすると、団子10個も『5』になってしまうのではないでしょうか?」

たしかに団子は10個です。しかしながら、親指から小指までをあてているのは、団子ではなく皿なのです。だから、皿の枚数は5になります。さらに、もし両手の指全部を使って一つずつ団子にあてていくと、余すところなくぴったりあてられます。だからこそ、団子は10個になり、両手の指を用いてぴったりあてるこの発想が、そもそも10進法の起源なのです。

広い宇宙には、地球と似た惑星の存在することが予想されています。もしそこに、タコに似た知的な宇宙人が住んでいれば、その惑星では10進法でなく8進法を中心にして彼らは生活しているかもしれません。

さて、たとえば「5」という数を数えるとき、同じ形をした5本の鉛筆、同じ形をした5体の人形、同じ形をした5枚のビスケットなどを使った説明をよく見かけます。しかし、それだけでは不充分です。

たとえば図2に示したように、5冊の教科書を用意します。

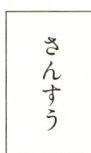

図2

| さんすう | さんすう | さんすう | こくご | こくご |

　そして、「ここには5冊の教科書があります。『さんすう』の教科書は3冊で、『こくご』の教科書は2冊ですね」というように話すことが必要なのです。ここでのポイントは、「**対象とする範囲を変更すると、それらの個数も変わる**」ということを認識させることにあります。日常の生活場面では、たとえば「ここに何人の人がいますか？」、「ここに何人の男の人がいますか？」、「ここに何人の女の人がいますか？」という質問を、前後して一緒に投げかけてみるとよいでしょう。

「長さ」の感覚を体得させる

　「数」には、離散的な数と、連続的な（物理的な）数があります。上記では離散的な整数の導入部分での要点を述べたわけですが、以下、連続的な数の導入部分でのポイントを、ものの長さ「cm」を中心にして述べましょう。

　小学2年で長さ「cm」が導入されます。当然、直線上で1cmを定めます。そして、1cmがいくつ分あるかによって、2cm, 3cm, 4cm, ……を定めます（図3

参照)。

図3

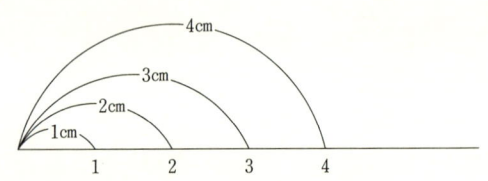

[図: 原点から半円状に1cm, 2cm, 3cm, 4cmの弧が描かれ、数直線上の1, 2, 3, 4の点に対応]

上記の定義を済ませると、次に、

　1cm＝10mm

として、物差しを示しながらミリメートルが導入されます。これは、長さは連続的な数であることを認識させるうえで大切なことです。そして、身近にあるいろいろなものの長さを測ることになるでしょう。

　たくさんのものを測ることによって長さの感覚は着実に身につきますが、忘れてはならないことが一つあります。同じひもで表した図4（ア）、（イ）、（ウ）を見てください。

図4

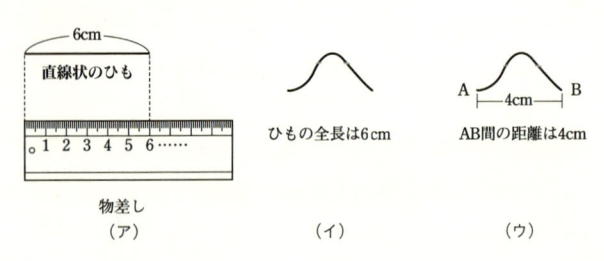

[図: （ア）物差しの上に6cmの直線状のひも、（イ）全長6cmのひもが曲がった状態、（ウ）AB間の距離が4cmで曲がったひも]

　　物差し　　　　　ひもの全長は6cm　　AB間の距離は4cm
　　（ア）　　　　　　（イ）　　　　　　　（ウ）

まず（ア）のように、ものの長さは定義から直線上で定めます。（ア）で示したように、ひもの長さは6cmです。そして（イ）のように、ひもをどのように曲げたとしても、（ア）で示した定義に戻れば、ひもの長さは6cmに変わりはないのです。ここで、ひもの長さとはひもの全長のことであって、（ウ）に示したようなひもの両端間（線分AB）の直線上での距離ではありません。

　この違いを実感しておくことは大切です。実はこのひもを用いた「長さの定義」の確認は、面積のところで大いにつまずいた小学生の私に、父親が何時間にもわたって説明したとき、まず長さの復習のためにおこなった方法でもあります。つまり「長さとは何か」という定義は、先々、面積や体積を学習するうえでもないがしろにはできないのです。

　ともあれ、ものの長さを測るときは、（イ）のように全長を測るものであるのか、あるいは（ウ）のように両端間の（直線上での）距離を測るものであるのかのチェックを忘れないようにすることです。とくに（イ）のように、ひもをいろいろな形に変化させて、どの状態でも（ア）の定義に戻ればその長さは6cmであることの確認は、何度でも繰り返しおこないたいものです。

　さて、小学校では「cm」の後に、長さとしての「m」と「km」、水のかさとしての「dℓ（デシリットル）」と「ℓ（リットル）」、重さとしての「g」と「kg」などの

物理量を学んでいきます。

 そのとき大切なのは、上で述べてきたことと同じですが、2 dℓの牛乳は直方体の紙パックに入っていても、4面体の紙パックに入っていても、あるいは牛乳ビンに入っていても、かさとしては同じだということです。同様に、200 gの牛乳でも、200 gの本でも、あるいは200 gの肉でも、重さとしては同じだということです。

 当然、それらを認識させるためには、かさを量る目盛り付きの容器や重さを量るハカリなどを、実際に使って見せたいものです（図5参照）。

図5

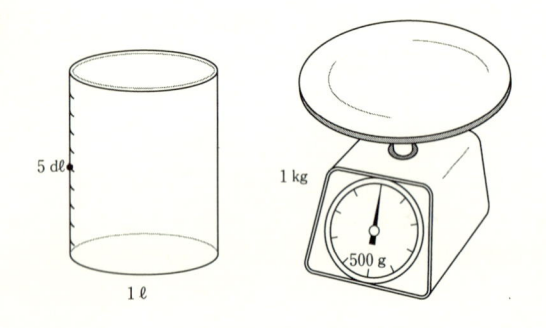

 以上のように、離散的な数と連続的な数をそれぞれに実感として認識できるようにしていけば、「数」を上手に扱えるようになっていくに違いありません。

1−6 「7 × 0 = 1」?

「0 を掛ける」とは?

　私が小学3年の夏休み、算数のプリントをおこなっているとき、そこには、
　　$7 \times 0 = \square$
という問題がありました。0を掛けることの意味がわからなかったので母親に聞いたところ、「なんかよくわからないけど、それは1じゃないかしら?」と答えたのです。

　しかし、どうにも納得できず、「0を掛けるとはどういうことなのか?」と、何時間も自問したことを覚えています。そして私は、
　　$7 \times 5 = 35$
　　$7 \times 4 = 28$
　　$7 \times 3 = 21$
　　$7 \times 2 = 14$
　　$7 \times 1 = 7$
　　$7 \times 0 = 1$
と、$7 \times 5, 7 \times 4, 7 \times 3, 7 \times 2, 7 \times 1, 7 \times 0$ それぞれの差を書いてみました。「なぜ最後の差だけが6なのか」と不思議に思って母親にもう一度たずねると、「たしかにそれは変ねぇ」と言うだけでした。

　ますます疑問を深めた私は、近くにいた何人かの大

人にたずね、

 $7 \times 0 = 0$

が正しそうだということを感じ取りました。しかし、「なぜ答えは0になるの？ どんな数に0を掛けても答えは0になるの？」とさんざん質問してみても、納得がいく説明はありませんでした。ただ、

 $0 + 0 = 0$

が正しいことは、はっきりわかっていました。また、次のような数式で表される関係が成り立つことも理解していました。

 $7 \times 2 + 7 \times 3 = 7 \times (2 + 3) = 7 \times 5$

もちろん、数式でではありません。下の図1のような○を使って、意味として理解していたわけです。

図1

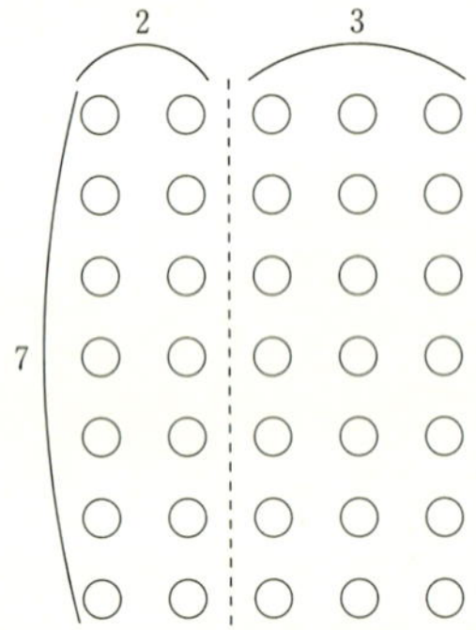

この○はおはじきでも何でもいいのですが、この図によって、中学校で習う分配法則が理解できるでしょう。

さて、その後しばらくして、私なりに理解していた上の「法則」から連想してみました。上の式の2と3を0に置き換えてみるのです。すなわち、
　　$7 \times 0 + 7 \times 0 = 7 \times (0 + 0) = 7 \times 0$
という関係を考えたわけです。さらに、もし
　　$7 \times 0 + \Box = 7 \times 0$
という式が成り立つならば、□には0しか入らないので、
　　$7 \times 0 = 0$
となります。

　もちろん、こんなに整理したかたちではなかったでしょうが、このような結論を自分なりに導いたその瞬間、0を掛ける意味をようやく納得し、私は母親に対して優越感のような気持ちを少しもちました。

「0」の2つの用法

　さて、「0」という数字は小学1年の段階でも出てきます。ただし、それは10, 20, 30といった数字の一部としてです。2年生では1000や10000も登場します。2桁以上の数字表記に現れるわけです。0そのものを数として扱っているわけではありません。たとえば、709とか8010といった数字を見てみましょう。ここにも0は使われていますが、しかし、709では十の位が空白であり、8010では百の位と一の位が空白、というふうに言い換えることができます。

　このように、ある位が空白であることを意味すると

きに用いる0と、0そのものを数として扱う場合の0があり、その意味は大きく違うのだ、ということに留意する必要があるのです。ちなみに、この2つの「0」の認識には、歴史的にも時間差がありました。

　古代バビロニアでは、60進法による数値表記に、前者の意味で0にあたる記号を使っていました。また、マヤ文明でも、20進法の数値で空白の位に0にあたる記号を使っていました。一方、後者の意味で0をあらわす記号を使いはじめたのはインドでした。5世紀から9世紀の間に、零（ゼロ）をあらわす数を含む10進法の記数法を発明したのです。さらに、その文字は現在の算用数字（アラビア数字）の「0」の起源ともなっているのです。

「面積は0」の奇妙さ

　さて、現在の小学校算数の教科書で、数としての「0」を含む掛け算に関する導入を見ると、たとえば表1のようなゲームの得点表によるものがあります。

表1

入った ところ	3点	2点	1点	0点	合計
入った数	2	0	3	5	10
とく点	6	0	3	0	9

表1においては、

$3 \times 2 = 6, 2 \times 0 = 0, 1 \times 3 = 3, 0 \times 5 = 0$

の計算をすることになり、とくに

$2 \times 0 = 0, 0 \times 5 = 0$

を自然と納得するように構成されています。

人類が長い年月をかけて発明した（数としての）「0」を短時間のうちに子どもたちに理解させることは、冷静に考えれば、決して簡単なことではないでしょう。最近、数を少し認識できるチンパンジーのニュースを聞きますが、「0」の認識はかなり難しいのではないかと想像できます。

実際、「0」に関する扱いは、算数そして数学を学習するうえで一種のアキレス腱のようなものです。

$4! = 4 \times 3 \times 2 \times 1, \quad 2^3 = 2 \times 2 \times 2$

は理解できても、

$0! = 1, \quad 2^0 = 1$

を理解することには抵抗感があるものです。

専門の数学の最初には、空間は3次元、平面は2次元、直線は1次元、そして点は0次元であるということを学び、また要素の個数が0の集合を空集合ということを学びますが、たいていの学生は何らかの引っかかりを感覚的にもつようです。

さらに、「1つの点や1つの直線の面積は0」と言われると奇妙に思うのではないでしょうか。

実際、私も奇異に感じていました。私は小学生の頃、成績は常に悪かったわりに、おかしな質問をして

は何人もの先生を困らせてしまったものでした。ですから「1つの点や1つの直線の面積は0」ということを聞いたときにも、「でも、三角形や円はたくさんの点や線でできています。面積が0のものをたくさん集めると、0じゃない数になるって、なんか変な気がします」という質問をした記憶があります。もちろん悪意はなく、心の底から湧いて出た質問だったのですが。

この疑問はその後もずっと心に抱いたまま、中学生になり、高校に進学しました。そして高校1年の夏、ある一般数学書を読んでいて、この問題を解決するには高校や大学の教養課程で学ぶ積分（「リーマン積分」といいます）では不可能で、大学の数学科で学ぶ「ルベーグ積分」が必要だということがわかりました。そこで早速、『ルベーグ積分入門』（伊藤清三著、裳華房）を必死で読んだものです。

小学3年の夏休みに、「7×0＝1」はおかしいと思って質問した私に、母親は「たしかにそれは変ねぇ」と言っただけでした。しかし、いまにして思えば、「つべこべ言わずに覚えなさい」という調子ではなく、疑問が残るかたちで答えてくれたことが、私の中の「0」という数に対する興味・関心を、さらに高めてくれたのです。

1−7 「全体を1とする」の意味は？

物理量としての分数

　10年前の小学生に対しても、20年前の小学生に対しても、そして30年前の小学生に対しても、「算数で一番わかりにくい話は何ですか？」と質問すれば、「『全体を1とする』の意味です」という答えは必ず上位に入るでしょう。

「全体と1とは違うのに、なんで1にするの？」などと、大人を困らせる質問をする生徒もいそうです。

　しかしその疑問ももっともなのではないでしょうか。子どもは「1」という数字を、文字通り数を一から数えることから認識していくのですし、小学校の算数でも、1年生のときに1, 2, 3, 4, 5, …… という整数をものの個数を数えることから導入するのですから。

「1とする」というのもわかりにくい言い方です。

　また、大人は子どもに分数を教えるときに、つい「全体を1とする」ということを言ってしまいがちです。分数はただでさえわかりにくいので、これがさらに子どもを困惑させます。それが原因で、「小数は嫌いじゃないけど、分数は嫌い」という子どもは少なくないのです。

　そもそも、小数にしろ分数にしろ導入部分は似てい

て、どちらも物理量から入ります。たしかに分数は全体を1としたときの比を表すもので、実社会で物理量として使われることはほとんどありません。しかし導入にあたっては、物理量として扱うほうがわかりやすいのです。

小数は、図1のように、0.3ℓや0.3mから導入されます。

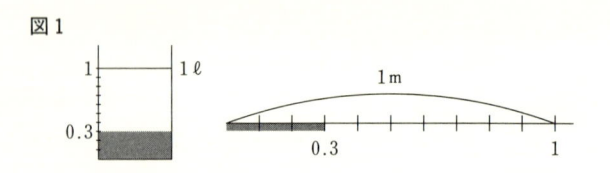

図1

一方、分数は図2のように、$\frac{1}{3}$ℓや$\frac{1}{3}$mから導入されます。

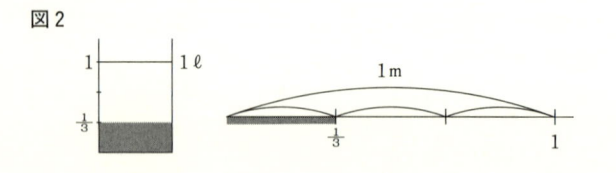

図2

どちらの場合も、1より小さい数の大きさを実感としてつかみにくい子どもは多いので、こうした単位のついた物理量による理解は大切です。

そして、10進数表記の7.325などを学ぶ頃になると、よく子どもから「なんで小数と分数の2つの表し方が

必要なの？」といった質問が出るようになります。それにはどう答えたらよいでしょうか。

たとえば、

$$\frac{2}{3} = 0.6666\cdots$$

を2倍にするとき、分数と小数のどちらがやりやすいか。あるいは、

$$\frac{2}{7} = 0.285714285714\cdots$$

を見比べてみる。こういう場合は分数のほうが有利だと思えるでしょう。

一方、「集会に集まった人は789人で、そのうち提案に賛成した人は98人でした。賛成の割合は？」という問題があったら、

$$98 \div 789 \fallingdotseq 0.1242\cdots$$

だから約12.4％と答えるでしょう。あるいは、

$$\frac{2}{7} + \frac{1}{13}$$

は概算でどのくらいの数かを考えるとき、

$$\frac{2}{7} \fallingdotseq 0.286$$

$$\frac{1}{13} \fallingdotseq 0.077$$

と出して、その和「0.36」を求めるのがふつうです。このように小数のほうが有利な場合もあるわけです。

ここで質問しますが、「$\frac{2}{3}$の75％はいくつでしょ

う？」。少し考えれば答えは$\frac{1}{2}$と簡単に出てきますが、実は、まったく答えられない大学生が急増しているのです。

ですから、小数と分数の混合計算はとても重要なのですが、算数教科書から混合計算がなくなってしまった現状は問題です。

抽象的な分数計算

さて、物理量から導入される小数と分数は、すぐに物理量の単位を除いた、抽象的な計算の段階に入ります。たとえば小数では、

$7.21\text{m} + 4.34\text{m} = 11.55\text{m}$

のようなものから、

$7.21 + 4.34 = 11.55$

を学びます。分数では、

$$\frac{1}{7}\ell + \frac{3}{7}\ell = \frac{4}{7}\ell$$

のようなものから

$$\frac{1}{7} + \frac{3}{7} = \frac{4}{7}$$

へと進むわけです。

小数と分数の四則演算に関する説明は、前著『算数・数学が得意になる本』で詳しく述べたので省略しますが、本節の主題である「全体を1とする」という言葉は、分数どうしの乗除（掛け算と割り算）の段階になってもまだ現れません。単位はついていなくても、

具体的な物理量として学んでいくわけです。

たとえば、

$$\frac{5}{7} \times \frac{2}{3} = \frac{5 \times 2}{7 \times 3} = \frac{10}{21}$$

という掛け算は、たて$\frac{5}{7}$m、横$\frac{2}{3}$mの長方形の面積などと一緒に登場します。また、

$$\frac{3}{8} \div \frac{1}{2} = \frac{3 \times 2}{8 \times 1} = \frac{6}{8} = \frac{3}{4}$$

という割り算も、$\frac{3}{8}$mは$\frac{1}{2}$mの何倍か、と考えることとともに理解していきます。

この段階になっても、まだ「全体を1とする」という概念は学習しません。実は、それが登場するのは、「比」の概念を習った後からです。それほど、この概念の扱いは難しく、段階を踏んで理解していく必要があるのです。大人は子どもに向かって気軽に「全体を1とすると……」と話しかけますが、子どもにしてみれば、算数の一番最後に習う難しい話を不用意に持ち出されていることになります。

「全体を1とする」が省略しているもの

比については〈1−3〉で述べたように、いくつかの注意しなければならない点があります。その比を子どもがしっかり理解して初めて、「全体を1とする」の意味を次のようにして導入することができます。

いま、ここに2400円があります。これを兄弟2人で、

　　兄の分：弟の分＝3：2

というように分けることを考えましょう。とりあえず、図3のような線分を描いてみます。

図3

兄　　　　弟　　　　→2400円

　ここで、線分は5つに等分されていますから、

兄の分＝ $2400 \div 5 \times 3 = 2400 \times \dfrac{3}{5}$ （円）

弟の分＝ $2400 \div 5 \times 2 = 2400 \times \dfrac{2}{5}$ （円）

全体の金額＝ $2400 = 2400 \times 1$ （円）

という3つの式が導かれます。それぞれの式の、最後の部分をよく見てください。全体の金額では「×1」があり、兄の金額では「× $\dfrac{3}{5}$ 」があり、弟の金額では「× $\dfrac{2}{5}$ 」があります。それを、「全体を1とすると兄の分は $\dfrac{3}{5}$ 、弟の分は $\dfrac{2}{5}$ になる」と表現しているのです。

　よく、「『全体を1とする』としなくても『全体を2とする』でも構わない。ただ、そうすると計算が少し面倒になるから1とするんだ」と言う人がいます。たしかにそのような見方もできますが、「全体を1とする」のような必然性はまったくありません。必然性のある「1」を使うのは当然のことなのです（全体を

10〔割〕とする「割」、100〔％〕とする百分率などには必然性があります)。

「全体を1とすると、対象△は $\frac{3}{8}$」という表現は、

$$対象△ = 全体 \times \frac{3}{8}$$

という式を省略して述べていることを、最初に忘れてはなりません。上の例で、「全体を1とする」という表現から、単純に

2400（円）＝ 1

ということを最初に想像してしまっては、子どもは混乱するばかりです。

もちろん、慣れてくるにしたがって2400（円）と1を同一視できるようになることは必要ですが、それはあくまでも、図3の下にある3つの式のようなかたちをいつでも想像できるようになってからのことです。

実際のところ、いわゆる仕事算では、そのような「具体的な全体の量」と「1」とを同一視する力は必要となります。

たとえば、一郎君は1日に全体の $\frac{1}{10}$ の仕事をし、二郎君は1日に全体の $\frac{1}{15}$ の仕事をするならば、2人で力を合わせると、1日で全体の

$$\frac{1}{10} + \frac{1}{15} = \frac{1}{6}$$

の仕事をおこなうことになります。しかし、そのような、「全体の仕事量」と「1」とを同一視した見方ができるためには、本当は、

$$全体の仕事量 \times \frac{1}{10} + 全体の仕事量 \times \frac{1}{15}$$

$$= 全体の仕事量 \times \frac{1}{6}$$

という式を先に理解しておく必要があるのです。

　こうして「全体を1とする」の意味をつかむと、子どもの理解はずっと進むことになります。

　大人にとっては省略形で話すほうが簡単でも、子どもにとってはかえって困惑してしまう内容は、ほかにもいろいろとあるように思います。子どもが「わからない」とつまずいていたら、もともと何を省略した言い方なのかに立ち戻って考えてみるようにしたいものです。

1−8　素数の夢

宇宙人と交信するなら

　小学生の頃、何かにつけて、じゃんけんやあみだくじをやったものです。1人あるいは数人の勝者を決めるときはじゃんけん、一人一人に何かの役をあてるようなときはあみだくじ、というように、それぞれの特徴を活かして使い分けていました。

　ただ、何かをじゃんけんで決めるとき、その場に居合わせた生徒の人数が、13人とか17人というような素数の人数の場合は、グループ分けに大変困ってしまいました。

　素数とは、1とそれ自身以外では割り切れない整数のことで、2, 3, 5, 7, 11, 13, 17, 19, ……と続くものですが、なぜ困ったかというと、たとえば13人の場合、最初に6人と7人に分けると、6人のグループに入った人が少し有利になるからです。また17人の場合、5人と6人と6人に分けると、5人のグループに入った人が少し有利になります。

　結局、13人や17人の場合、若干の有利不利を残したままでじゃんけんをおこなったのですが、最初に人数の少ない有利なグループに入るのは、どうも押しの強い友人だったとの思いがありました。それだけに私は小学生の頃、「素数という数字は物事を公平に分ける

ことができないイヤな数」という印象をずっともっていたのです。

しかし素数というのは面白い整数で、たとえば2004年にアメリカの東部で、17年を周期に大量発生するセミが発生しました。2007年にはシカゴ郊外で同じ17年周期のセミが大発生しましたが、北米大陸ではほかに13年周期で大量発生するセミもいるそうで、当然、17と13が素数であることから、「素数ゼミ」として関心を集めました。3と5の倍数である15、あるいは2と3の倍数である18に対応する15年や18年周期だと、2年、3年、5年で発生するような天敵や寄生虫に遭遇しやすいからだ、という説もありましたが、最近、静岡大学の吉村仁さんが、長い氷河期の間に成長期が延びて個体数が激減したため、周期の違うセミどうしの子孫が淘汰され、結局13年と17年という素数の周期をもった種だけが生き残った、という説を出して注目されているそうです。

また、もし高度の文明をもった宇宙人がいるとしたら、交信によって存在を確認できるかもしれない、という話もあります。どうやって交信するかというと、日本語や英語は通じませんが、素数なら認識できる可能性があるのです。たとえば、宇宙のはるか彼方に2回信号を送って少し休み、3回信号を送って少し休み、5回信号を送って少し休み、7回信号を送って少し休み、11回信号を送ってじっと待っているところに、13回信号が送られてきて少し休みがあり、17回信

号が送られて少し休み、また19回信号が送られて少し休み、23回信号が送られて……、というような返信があったら、宇宙人との交流の第一歩になるはずです。

しかしそんな話を知らなかった小学生の私にとっては、素数はイヤな数でしかありませんでした。

素数が無限個あることの証明

ところが小学6年のとき、素数に対する考え方を一変させる出来事が起こりました。隣のクラスのある友人とは家が近かったので、よく一緒に帰ったのですが、ある日、早熟で数学が大好きだった彼が、歩きながら、素数が無限個存在するユークリッドによる証明を説明してくれたのです。それは、結論を否定して矛盾を導く背理法によるもので、そのときはぼんやりとしか理解できなかったのですが、「これは抜群に面白い話だ」という新鮮な感動を覚えたことだけは忘れません。

数学には大きく分けると、構造を扱う代数学、変化を扱う解析学、図形を扱う幾何学の3つの大きい分野があります。素数や〈2−5〉で扱う15ゲームなどは代数学に入り、私は学部生から大学院生時代まではその分野を集中して研究していましたが、それに興味をもつ芽はきっとその頃にあったのでしょう。

素数が無限個あることの証明には、背理法を用いずに素数の分布の状態から説明するものもありますが、一般にはユークリッドによる背理法の証明が簡単で広く知られていますので、紹介しておきましょう。

いま、素数は有限個の n 個しかないとして、それら全部を小さい順に並べて p_1, p_2, p_3, ……, p_n とします。参考までに p_1 から p_5 までを書くと、

$p_1 = 2$, $p_2 = 3$, $p_3 = 5$, $p_4 = 7$, $p_5 = 11$

となります。ここで、p_1 から p_n までの全部の素数の積に1を加えた数

$m = p_1 \times p_2 \times p_3 \times \cdots \times p_n + 1$

を考えます。m を p_1 で割っても、p_2 で割っても、p_3 で割っても、……、p_n で割っても、どれで割っても余り1になります。

一方、m を素因数分解、たとえば

$60 = 2 \times 2 \times 3 \times 5$

のようにいくつかの素数の積として表すことを考えれば、m を割り切るある素数 q が存在します。ところが q は p_1, p_2, p_3, ……, p_n のどれかなので、上記のことから m を q で割ると余りが1となり、それは割り切れません。一方で m は q で割り切れ、他方で q で割り切れないということになるので、矛盾が導かれたのです。したがって、素数は無限個存在しなくてはなりません。

なお、素因数分解は素数の積の順番を無視すると、ただ1通りに定まります。だからこそ、素数は整数の研究において本質的な役割を演じるのです。

素数探しゲーム

ここで、100未満の整数の中から、小学生でもでき

る素数探しをやってみましょう。まず、2から99までの整数を一覧表にします。

図1

	2	3	4	5	6	7	8	9	10
11	12	13	14	15	16	17	18	19	20
21	22	23	24	25	26	27	28	29	30
31	32	33	34	35	36	37	38	39	40
41	42	43	44	45	46	47	48	49	50
51	52	53	54	55	56	57	58	59	60
61	62	63	64	65	66	67	68	69	70
71	72	73	74	75	76	77	78	79	80
81	82	83	84	85	86	87	88	89	90
91	92	93	94	95	96	97	98	99	

このうち、素数でない数を消していくのですが、一つ一つ検討していく必要はありません。

数学の言葉で書きますが、2以上100未満のある整数mが素数でないならば、mの素因数のうちで一番小さいものをpとすると、mは$p \times p$以上になります。たとえば先に例に挙げた60ならpは2になります。$2 \times 2 = 4$で、60は4以上になっています。ところが、もしpが10以上ならば、$p \times p$は100以上ですから、mも100以上になってしまいます。そこでpは10未満の素数となり、pは2, 3, 5, 7のどれかになります。

つまり、2以上100未満の整数で素数でないものは、どれも2，3，5，7のどれかを素因数とするのです。それゆえ、2，3，5，7のどれでも割り切れない2以上100未満の整数は、必ず素数になります。

そこで、2以上100未満の整数を全部書いた図1の表で、2以外の2の倍数全部に斜線を引きます。続けて、3以外の3の倍数全部、5以外の5の倍数全部、7以外の7の倍数全部にも斜線を引きます。すると、図2のように、斜線を引かずに残った整数

2,　3,　5,　7,　11,　13,　17,　19,
23,　29,　31,　37,　41,　43,　47,
53,　59,　61,　67,　71,　73,　79,
83,　89,　97

が、100未満の素数の全部なのです。

図2

	2	3	~~4~~	5	~~6~~	7	~~8~~	~~9~~	~~10~~
11	~~12~~	13	~~14~~	~~15~~	~~16~~	17	~~18~~	19	~~20~~
~~21~~	~~22~~	23	~~24~~	~~25~~	~~26~~	~~27~~	~~28~~	29	~~30~~
31	~~32~~	~~33~~	~~34~~	~~35~~	~~36~~	37	~~38~~	~~39~~	~~40~~
41	~~42~~	43	~~44~~	~~45~~	~~46~~	47	~~48~~	~~49~~	~~50~~
~~51~~	~~52~~	53	~~54~~	~~55~~	~~56~~	~~57~~	~~58~~	59	~~60~~
61	~~62~~	~~63~~	~~64~~	~~65~~	~~66~~	67	~~68~~	~~69~~	~~70~~
71	~~72~~	73	~~74~~	~~75~~	~~76~~	~~77~~	~~78~~	79	~~80~~
~~81~~	~~82~~	83	~~84~~	~~85~~	~~86~~	~~87~~	~~88~~	89	~~90~~
~~91~~	~~92~~	~~93~~	~~94~~	~~95~~	~~96~~	97	~~98~~	~~99~~	

このような素数の求め方は「エラトステネスのふるい」といい、とても優れた方法です。
　素数に関しては、より詳しく、いろいろなことがわかっていますが、謎もたくさんあります。たとえば、
　　3と5、5と7、11と13、17と19、……
のように、差が2となる素数の組である「双子素数」が無限個存在するか否かは未解決のままです。
　また、「6以上のすべての偶数は、2つの奇素数(奇数の素数)の和で表すことができる(ただし、同じ素数の和を許す)」という「ゴールドバッハの予想」も未解決のままです。参考までに、次のように表せます。
　　$6 = 3 + 3$,　　$8 = 3 + 5$,　　$10 = 5 + 5$,
　　$12 = 5 + 7$,　　$14 = 7 + 7$,　……
　知的好奇心のある者がこうした難問を「自分の力で解決してやる!」と続々とチャレンジしてきた歴史があります。最近の日本には、そんな夢を抱く若者が少なくなっているとも聞きますが、チャレンジ精神旺盛な若者が、再び次々と現れることを期待します。

〈はじめに〉で紹介したガウスは、こう言っています。
「数学は科学の女王であり、整数論は数学の女王である」

第2部
「図形」のつまずき

2 − 1　父親流「面積導入法」

まず「長さ」から復習

　算数ではいろいろなところでつまずいた私でしたが、面積が導入されると、もう何もかもわからなくなってしまった感じになりました。というのは、

　　1 m ＝ 100cm

と長さではcmに 0 が 2 つついていたのに、なぜ

　　1 m² ＝ 10000cm²

と、0 が 4 つつくように・変・身してしまうのか、という疑問をもったのです。それがどうしても理解できないので、しばらく面積に関する問題はまったくお手上げでした。

　さすがに心配に思った母親が父親に相談したところ、それまで質問に答えることはあっても自分から教えることなど一度としてなかった父親が、休みを利用して面積について〝指導〟してくれることになりました。

　父親はこんなにも大きな紙があったのかと思うくらい大きな白紙を用意して、別室に私を連れ出しました。ほかにも定規、鉛筆はもちろん、ハサミやらひもやらいろいろな小道具をもってきて、わかったかどうか、途中で頻繁に質問を繰り返し、行きつ戻りつしながら説明します。それがあまりにも長時間にわたった

ので、心配に思った母親が横から「そろそろ終わりにしたらどうかしら。あとは適当にやり方を覚えてもいいし」と"助け舟"を出すくらいでした。

当時、私はすでに将棋で何時間も考えることに慣れていたので、長時間の勉強は苦ではありませんでした。父は数学とはまったく無縁の職業でしたし、教育の専門家でもありませんでしたが、その"指導法"は、家庭教師をするうえでも、数学教育に携わるようになってからも、私には大いに参考になっています。

以下、その「面積導入指導法」を整理して、要点を紹介しましょう。

まずは「長さ」の確認です。

定規と何本か長さの異なるひもを用意して、そのうちの1本をとり、本書〈1-5〉でも述べたように、いろいろな形に変化させても長さに変わりがないことを復習します（図1）。

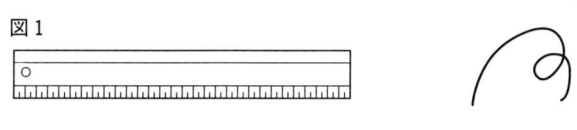

図1

定規　　　　　　　　　　　　　　　　ひも

そのとき、それぞれの状態で、ひもの一方の端から他方の端まで人差し指でなぞるようにして示します。そしてひもを直線状にして、「このひもの長さは何cm？」とたずねます。さらに、それは曲げた状態のひ

もの両端間の距離とは違うことを確認したら、次のステップに進みます。

図2

今度は図2のように複数のひもを使って、「これらのひもは定規でそれぞれの長さを測れば、長いとか短いとか比べられるね」と確認します。

「広さ」の大小と「面積」という言葉

次に「広さ」の説明です。下の図3のように、紙を切り抜いて手のひらより大きい図形をいくつか用意して、「これらの図形の広さを考えよう」と言い、それぞれの図形を手のひらで動かすように示します。

図3

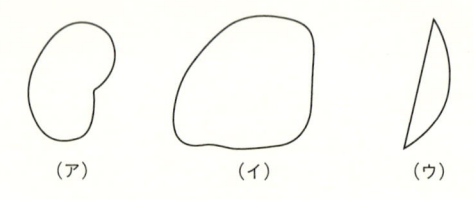

(ア)　　　(イ)　　　(ウ)

(ア)と(ウ)をそれぞれ移動させると、どちらも(イ)の中に収まることを示して、「(ア)と(ウ)より(イ)のほうが広いね」と確認します。

　次に、(ア)と(ウ)はいろいろ動かしてみても、どちらも他方の中には収まらないことを示し、「では、(ア)と(ウ)はどっちが広いかな？」などとたずね、いろいろな考え方を出させます。

　そして図4のように、ハサミで(ウ)を2つに切り、その2つが重ならないようにして(ア)の中に収まることを示します。ここで「重ならないように」ということは、よく強調しておきます。

図4

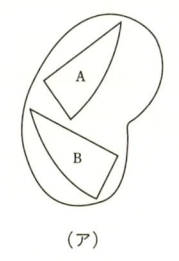

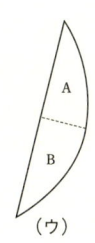

（ア）　　　（ウ）

　この段階で「さて、(ア)と(ウ)はどっちが広いかな？」と質問すると、自然と(ア)が答えられるはずです。そうしたら、今度は図5のように違ったかたちの図形を用意して、「これらの図形の広さを、ハサミも使って比べてみよう。(オ)、(エ)、(カ)の順に広いように見えるけど」というように言います。

図5

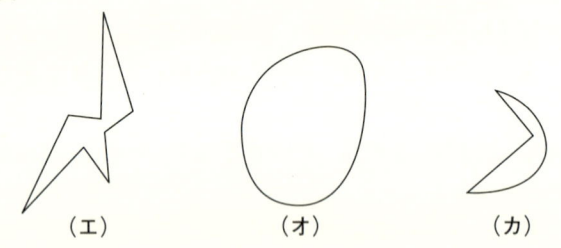

(エ)　　　　　(オ)　　　　　(カ)

　ここで「(カ) と (エ) を最初に比べてみよう。さっき (ア) と (ウ) を比べたときのことを思い出してごらん」と言うと、(カ) にハサミを入れたくなります。このとき、「2つに切っても3つに切っても4つに切ってもいいんだよ。ただし、後で (エ) の中に収まるかどうかを確かめるとき、重なる部分が出ないように気をつけよう」と言います。
　(カ) をいくつかに切ると (エ) の中に収まり、(エ) をいくつかに切ると (オ) の中に収まることを確かめると、(オ)、(エ)、(カ) の順に広いことが理解できます。
　最後に (エ) と (カ) を元の形に戻して、次のように「広さ」の概念を説明します。
「こういうふうにいろいろ切ったりすると、図形の広さを比べられるよね。で、図形の広さを表す言葉に『面積』という言葉があるんだ。長さは1cmを基にして、いろいろな長さを決めたね。それに対して、広さ

を表す『面積』は、1cm²（1平方センチメートル）というものを基にするんだ。1cm²というのは、一辺が1cmの正方形の広さなんだ」と言って、その正方形を実際に紙に描きます（図6）。

図6

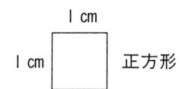

```
        1 cm
   1 cm ┌───┐
        │   │ 正方形
        └───┘
```

次に、それと同じ正方形の紙片をたくさん用意し、図7、図8のようにいろいろな図形を作ります。

図7

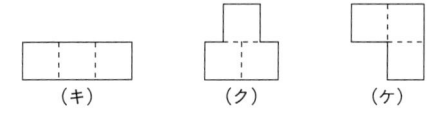

(キ)   (ク)   (ケ)

図8

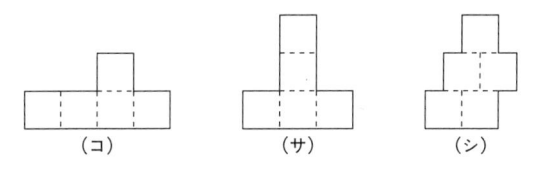

(コ)   (サ)   (シ)

そして、「(キ) と (ク) は3つ分の1cm²の正方形からできているから3cm²。(コ) と (サ) は5つ分の1

2-1　父親流「面積導入法」　77

cm²の正方形からできているから 5 cm²。このように、**図形の面積は何個分の 1 cm²の正方形からできているかによって決める**と約束するんだ。7 個分からできていれば 7 cm²、10個分からできていれば10cm²というようにね」と定義を述べ、すぐに、「それでは（ケ）と（シ）の面積はどうかな？」と質問をして、一応、3 cm²と 5 cm²を確認します。

次に、図 9 のように面積12cm²の長方形、面積25cm²の正方形を描いてから、それぞれに 1 cm間隔で点線を入れて面積をたずねます。

図 9

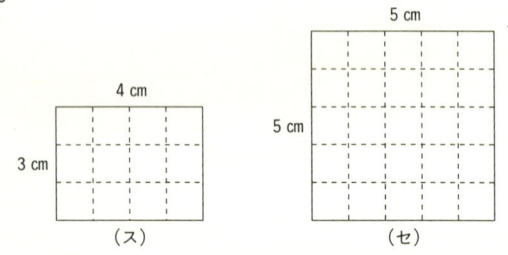

4 cm / 3 cm （ス）

5 cm / 5 cm （セ）

このとき、
　　$3 \times 4 = 12, \quad 5 \times 5 = 25$
という掛け算を子どもが思いつくようにして、長方形や正方形の面積公式の導入準備をしておきます。なお、その掛け算がなかなか理解できない場合は、図10の（ソ）、（タ）のように補助的な図を描いてやります。

図10

```
                              ○ ○ ○ ○ ○
                              ○ ○ ○ ○ ○
        ○ ○ ○ ○              ○ ○ ○ ○ ○
        ○ ○ ○ ○              ○ ○ ○ ○ ○
        ○ ○ ○ ○              ○ ○ ○ ○ ○
           (ソ)                   (タ)
```

公式の導入は急がずに

　さて、この段階ですぐに面積公式の導入に移るのではなく、たとえば（ス）と同じ長方形を2枚用意して、それぞれに図11のようにハサミを入れます。

　さらに図11で作った（チ）、（ツ）、（テ）を次ページ図12のようにいろいろ動かして、さまざまな図形を作って見せましょう。

図11

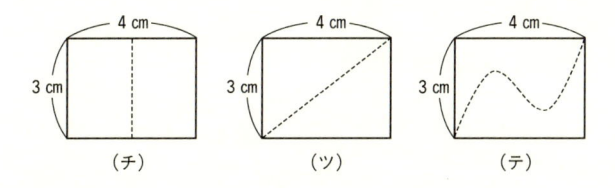

（チ）　4 cm × 3 cm の長方形、縦の点線で2分割
（ツ）　4 cm × 3 cm の長方形、対角線で2分割
（テ）　4 cm × 3 cm の長方形、波線で2分割

図12

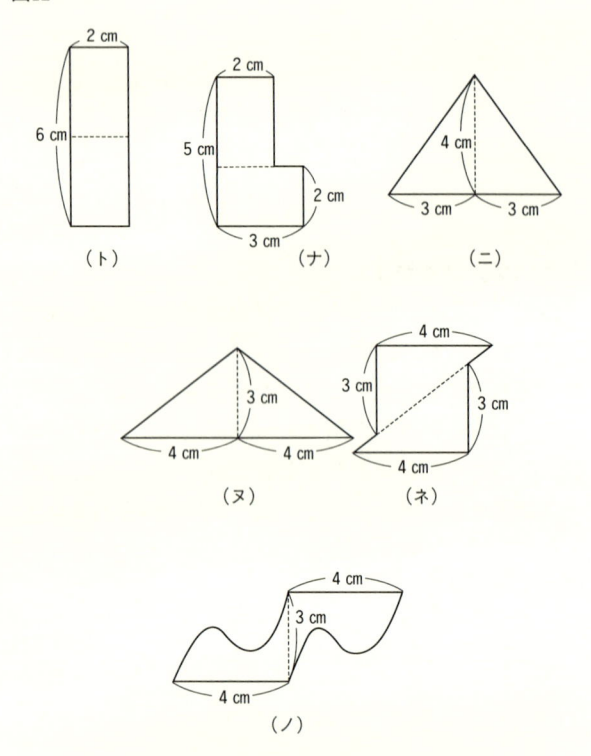

```
    2 cm
  ┌─────┐
  │     │
6 cm     │
  │     │
  └─────┘
   (ト)
```

```
    2 cm
   ┌───┐
   │   │
5 cm   │
   │   │    2 cm
   │   └────┐
   │        │
   └────────┘
      3 cm
      (ナ)
```

```
       ▲
      ╱│╲
     ╱ │ ╲
    ╱ 4cm╲
   ╱   │   ╲
  ╱────┴────╲
  3 cm  3 cm
     (ニ)
```

```
        ▲
       ╱│╲
      ╱ │3cm
     ╱  │  ╲
    ╱───┴───╲
    4 cm 4 cm
       (ヌ)
```

```
         4 cm
    ┌────────┐
    │       ╱│
3 cm│      ╱ │3 cm
    │     ╱  │
    └────────┘
       4 cm
       (ネ)
```

```
              4 cm
           ┌─────╮
          ╱│     │
     ╭───╯ │3 cm │
    ╱      │     ╲
    ────────
      4 cm
       (ノ)
```

そして、(ト)、(ナ)、(ニ)、(ヌ)、(ネ)、(ノ) の面積を1つずつたずねます。おそらくどれも12cm²と答えるでしょうが、ここでの狙いは、重なる部分がない限り、どのように切ったりくっつけたりしても、面積は不変であることをしっかり認識させることなので

す。74〜76ページの図3〜図5のあたりの話は、実はそのための準備だったのです。さらに、図1（73ページ）のところの話は、「どのように変化させても」という点を、長さの立場からも関連づけて理解を深めさせるためのものでした。

もし図9を示したすぐ後に面積公式の導入をおこなうと、長方形の面積、正方形の面積というように、狭い範囲に限定した〝面積〟を理解してしまうかもしれません。○○の公式はこうで、△△の公式がこうで、と**「丸覚えしてあてはめる」という悪い癖**をつけたくないのです。

また、図12のように、同じ面積12cm²でも、いろいろな図形で示すことがとても重要です。

その後から、図9（ス）、（セ）の面積はそれぞれ式として、

　　3 cm × 4 cm ＝ 12cm²
　　5 cm × 5 cm ＝ 25cm²

と表すことを、「タテ」と「ヨコ」という言葉も使って説明し、面積公式の導入に入ればよいのです。

そして最後に、1 m²（1平方メートル）の面積は次の図13に示す正方形の面積であることを説明すれば、「その面積は何cm²になるかな？」とたずねると、大半の子どもは、

　　1 m² ＝ 10000cm²

を導けるようになっていることでしょう。

図13

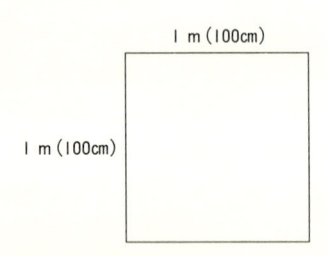

```
        1 m (100cm)
       ┌──────────┐
1 m    │          │
(100cm)│          │
       │          │
       └──────────┘
```

　私はそれが導けなかったので、冒頭で述べたように、父親は大きな白紙を持ち出したのでした。そして、上記のような説明を繰り返した後、その大きな紙に長い定規で一辺が１mの正方形を描き、さらに１cm間隔にタテとヨコに直線を数本ずつ入れたうえで、もう一度私にたずねました。そのときようやく、

　　$1 m^2 = 100 cm \times 100 cm = 10000 cm^2$

が理解できたのです。

　振り返って思うに、私ほど面積の導入ででこずった子どもはいないかもしれません。ここまで手間暇かけて教える必要があるのかとも言われそうですが、公式の導入のところでも触れたように、この段階でしっかりと学んでおくことが先々のために重要なのです。

2－2　空間図形が嫌いにならないために

面積がわかれば体積は難しくない

　前節のように面積の理解にさんざんてこずった私ですが、体積についてはさほど苦労しませんでした。面積がしっかり導入されて頭に入っていれば、体積の導入はそれほど難しいものではないのです。

　ところが、立体図形がどうにも苦手という人がけっこういます。本書の担当編集者も、平面図形はなんとかできたけれども、立体図形は苦手だったと言うのです。

　なぜでしょうか。一つには、計算が面倒だということがあるでしょう。また、立方体、直方体のほか、球、円錐、三角錐など、さまざまな図形が出てきますから、公式を個別に覚えようとすれば、覚えておかなければならない公式もずっと増えてきます。それに回転体も加えて表面積、体積などを出さなければならないとなると、たしかに面倒かもしれません。しかし、空間（立体）図形が苦手という人の一番の「つまずき」のもとは、立体図形の認識だと思います。

　この立体図形の認識に関しては、私は小さい頃から積み木やプラモデルなど立体的な遊びが大好きでしたから、まったく問題はありませんでした。その点、いまの子どもはどうでしょうか。

画面で立体図形の感覚は育たない

 従来の画像といわゆる3D画像との違いを認識できる、2つの実験をしましょう。

 まず、片方の目を隠して、もう片方の目だけで前方を見ます。そして、顔の位置から前方40cmぐらいのところに1本の棒を立て（図1参照）、その棒に向かって手の指を横から近づけてタッチしようと試みます。それでタッチできれば、かなり運がよいでしょう。

図1

 次に両方の目を開けて、目の前方約30cmのところに棒A、前方約10cmのところに棒Bを立て、直線ABは両方の目の中点で顔面と垂直になるような位置関係を設定します（図2参照）。

 このとき、左の目を隠して右の目だけでAとBを見ると、BのほうがAより左に見えます。反対に右の目を隠して左の目だけでAとBを見ると、BのほうがAより右に見えます。実はそのズレが、人間が

両眼によって距離感をつかむことができる理由の本質なのです。

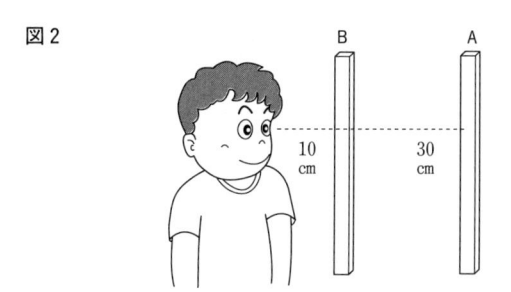

図2

前者の実験は従来の画像を認識するものであり、後者の実験は立体的に見られる３Ｄ画像を認識するものです。現在は、ご存じのとおり医療を始め多くの分野に３Ｄ画像が用いられ、技術革新の１テーマになっています。

当然のように、３Ｄ画像はゲームや学習教材にも進出してきましたが、ひとつ忘れられている重要なことがあります。それは、ディスプレイはあくまでも平面だ、ということです。したがって、３Ｄ画像で映し出されている物体を手で触ることも、その物体まで歩いて行くこともできません。すなわち、３Ｄ画像を通して得られるものは、両眼で見たのと同じように見えるものだけなのです。

子どもの頃、男子なら積み木やプラモデルで、女子ならあやとりや刺繡で遊んだことはあるでしょう。そ

れらは現在、3D画像として映し出して立体的にディスプレイ上で遊ぶことも可能です。しかし指はあくまでも平面上のキーボードやマウスの上を動いているだけで、決して空間（立体）を把握しているわけではありません。

　子どもの頃、**手足によって空間を把握する**からこそ、立体的な感覚が育まれていきます。ライオンやトラの子どもをディスプレイだけを見せて育てて、そのまま成長して大きくなっても、狩りができるはずはありません。できるとしても、せいぜいディスプレイ上での狩りでしかないのです。

　ところが、われら人間様はどうでしょうか。怪しい宣伝に乗って、幼少時代からディスプレイと一日中にらめっこをしている子どもが激増しています。その結果、物を上手につかめないとか、転ぶはずのないところで転んでしまうとか、立体的な認識が不足しているから起こるのではないかと思われるような奇妙な現象がいろいろ報道されています。

　中学校、高校へと進学するにしたがって、さらに多くの空間図形を学びます。2つの平面のなす角、ねじれの位置にある2つの直線、点と平面との距離、空間におけるベクトル、等々。

　それらのどれをとっても、手足による立体的な認識をもっていなくては、簡単には理解できないものでしょう。それだけに子どもの頃は、立体的なおもちゃはディスプレイ上ではなく、手足を使って立体的に遊ぶ

べきなのです。

　最後に、子どもの頃の立体的な遊びがいかに大切であるかを理解できるような問題を、1つ紹介しましょう。

　円錐を底面に平行な平面で切って、頂点を含む部分を取り去った空間図形を円錐台といいます(図3参照)。

図3

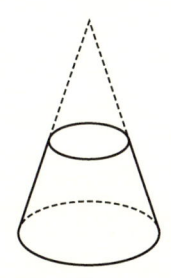

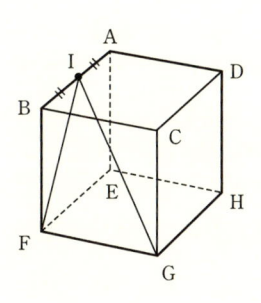

　では図4の立方体で、線分IGを線分AEのまわりに1回転して得られる図形は円錐台の側面になるでしょうか。

図4

2－2　空間図形が嫌いにならないために

答えはノーです。線分 IF を線分 AE のまわりに 1 回転して得られる図形は円錐台の側面になりますが、線分 IG を線分 AE のまわりに 1 回転した場合は円錐台の側面にはなりません。それは「一葉双曲面」といって次のような形をしています。籐(とう)の椅子などで見たことがあるのではないでしょうか。

図5

　私は子どもの頃、母親が使っていた籐の椅子が面白くてたまりませんでした。側面は明らかに曲面を描いているのに、それを構成している線は直線だったからです。

　あるとき私は、不思議に思った気持ちを抑え切れずにそれを分解してしまいました。母親に「椅子が壊れちゃった」と話したところ、「椅子を壊しちゃったと正直に言いなさい。そうすれば許すから。勉強になったでしょ」と注意されたことを、懐かしく思い出します。

それはともかく、「曲面を構成しているのが直線」であるものは、籐の椅子を分解しなくても実感できます。たとえば、透明のプラスチック容器に入った綿棒を、指でぐるりとかき混ぜてみてください（ちょっと不衛生ですが）。一葉双曲面に似た形になるはずです（写真1参照）。

写真1

2 − 3　グラフの意味を読み取る

日本の子どもたちの弱点

　かつて「数と式の世界」と「図形の世界」は別々でした。ところがフランスの数学者デカルト (1596−1650) は、軍隊生活をしているとき、天井を這っているハエをベッドの上で見つめていて、x軸とy軸で表した「座標」の考えを思いついたといいます。その発見によって2つの世界は結びつけられたのです。

　ただ、小学校の算数で学ぶグラフは中学校以降で学ぶような関数のグラフではなく、折れ線グラフ、棒グラフ、円グラフ、帯グラフなどです。それらは数学の世界における学習のためというよりは、むしろ数学の外にある自然・社会・人文の学習のためにあるとも言えるでしょう。客観的な数字を用いて視覚的にも理解するうえで相当な効果があるばかりでなく、自然・社会・人文の諸分野と算数（数学）を結びつける効果もあることを忘れてはなりません。

　OECDの国際学力調査 (PISA) の結果から、日本の子どもたちはグラフを読む力の弱いことがわかります。その前から私も『数学的思考法』などで指摘してきたことですが、日本ではタテ割り意識が各教科間の関係にまで及んでおり、自然・社会・人文の諸分野と算数（数学）をまたぐ部分での教育が軽んじられてい

るところがあるのです。そして、算数で学ぶいくつかのグラフも軽視するようになりました。PISAの結果はむしろ必然だと言えるでしょう。

ここで、日本の子どもたちの弱点はどのようなものなのかを、図1、図2のグラフを用いて具体的に紹介しましょう。

図1

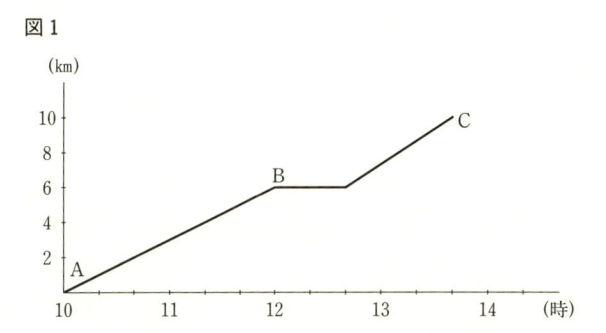

(km)

(グラフ: 横軸 時、縦軸 km。A(10時, 0km)からB(12時, 6km)まで上昇、Bから12時半頃まで水平(6km)、その後C(約13時45分, 10km)まで上昇)

図1は、ある人がA地からハイキングを始め、目的地のB地で休んでから、帰りは道を変えてC地へ戻ってきたことを示すグラフです。グラフからハイキングで歩いた距離、休んだ時間、A地からB地までの速さ、B地からC地までの速さなどが読み取れます。

ところが、いわゆる「は・じ・き」（「はやさ・じかん」を分母に、「きょり」を分子に置いたような図による、「速度×時間＝距離」の関係の覚え方）などをただ丸暗記している

だけの子どもは、グラフのない文章題として出題されればできるのに、図1のような図を使って出題されると混乱してしまうことがよくあるのです。あるいは、図の折れ線をハイキングのルートと取り違えてしまうことも多々あります。グラフの意味するところを、よく考えていないからでしょう。

次に図2を見てください。

図2

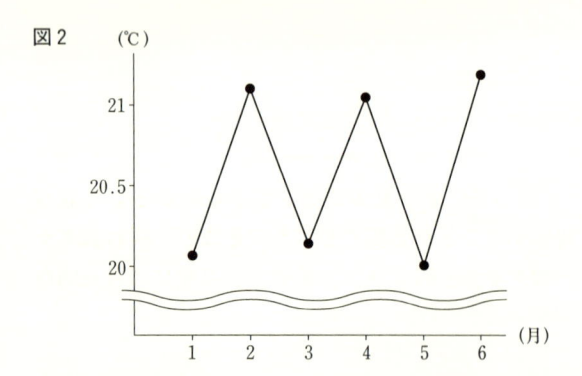

　図2はある地方の1月から6月までの平均気温を表しているグラフです。タテ軸の下方にある省略記号をよく見ずに、「毎月の気温は激しく変化している」ととらえてしまう子どもたちが多いのです。図1同様、グラフの形に引きずられてしまうわけです。

　グラフには折れ線グラフのほかに、帯グラフ、円グラフなど、いろいろな種類のグラフがありますが、なぜこういう数字を表すのにこの種類のグラフを使うの

か、ということを学んでいない小学生が多いようです。そのため、円グラフや帯グラフで表すべきものを折れ線グラフで表したりしても、不思議に思わない子どもたちがたくさんいます。

グラフの種類ごとの特徴を知る

いま算数教育に求められることのひとつに、「なぜ算数を学ぶのかを子どもたちに理解させること」があります。算数で学ぶいくつかのグラフは、それに対する適切な回答をいろいろな面から用意しているのです。算数という科目の単元のひとつとして扱うだけでなく、社会の中の現象を、数字（データ）と図形（グラフ）によって、どう見ることができるのかという観点で説明することが必要でしょう。そこで、折れ線グラフ、棒グラフ、円グラフ、帯グラフの順に、社会的な話題をからめながら、それぞれの特徴を述べていくことにします。

折れ線グラフは**時間の推移に伴う変化を表す**ときに便利で、気温、体重、株価などの推移はよく扱われます。図3のグラフは、1アメリカドルと1オーストラリアドルの円との為替レート（単位：円）に関して、私なりの年平均値を算出して示した折れ線グラフです（上がアメリカドルで下がオーストラリアドル）。ここ数年、資源の豊かなオーストラリアから北海道ニセコスキー場へ訪れる観光客が増えているというニュースをよく聞きますが、対オーストラリアドルでは着実に円安が

進行していることからも、うかがい知ることができるでしょう。

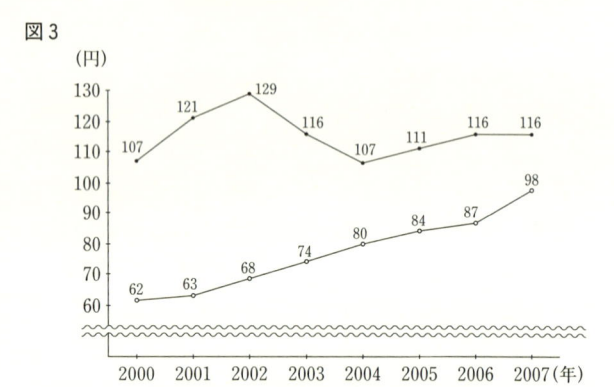

図3

(円)

```
  130           129
  120    121        116            116  116
  110 107              107  111
  100                                    98
   90                              87
   80                  80  84
   70         68  74
   60 62  63
      2000 2001 2002 2003 2004 2005 2006 2007(年)
```

折れ線グラフはこのように、ある数値をプロットしていくことで、変化の傾向を視覚的につかむのに適しているということを、実感させたいものです。

一方、棒グラフは**量の大きさを比べる**ときに便利です。年代別人口、会社別売上高、あるいは「好きなタレント」のようなランキングなどでもよく扱われます。時間的推移を表すものとしても、月別降水量などに使われています。

図4のグラフは、人口の多い国上位6ヵ国の人口を示した棒グラフです（2007年国連人口基金）。参考までに、それら6ヵ国を合わせた人口は世界の人口の約半分になります。

図4

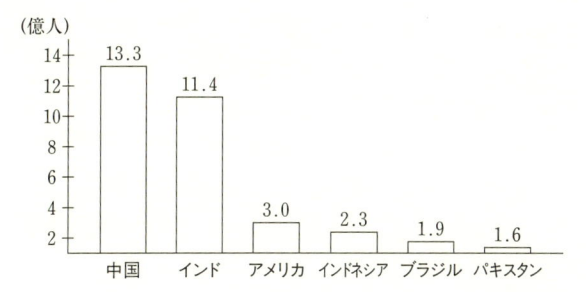

(億人)

国	人口
中国	13.3
インド	11.4
アメリカ	3.0
インドネシア	2.3
ブラジル	1.9
パキスタン	1.6

　次に、円グラフと帯グラフは、いくつかの**対象の全体に占める割合を表す**ときに便利です。たとえば、支持政党の割合、大学生の学部別在籍者数、予算の構成などでよく目にします。各種アンケート調査の結果などでも扱われます。ここでは小学生の関心を考えて、「日本人の各血液型が占める割合」を示してみましょう（図5）。

図5

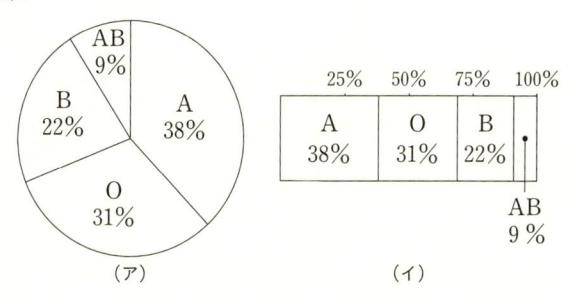

(ア) 円グラフ
- A 38%
- O 31%
- B 22%
- AB 9%

(イ) 帯グラフ
- A 38%
- O 31%
- B 22%
- AB 9%

なお、円グラフは、円の最上部から時計回りに大きい順に並べるのがふつうで、棒グラフは、左の棒から大きい順に並べるのがふつうです。

よく「円グラフと帯グラフの違いは何か」という質問を受けますが、円グラフは次の図6のように、円全体の面積で対象となる合計人数や合計量を表すときに便利です。一方、帯グラフは図7のように、時系列的に変化する構成の割合を表すときに便利です。

図6 （A国とB国の産業別人口構成比の比較）

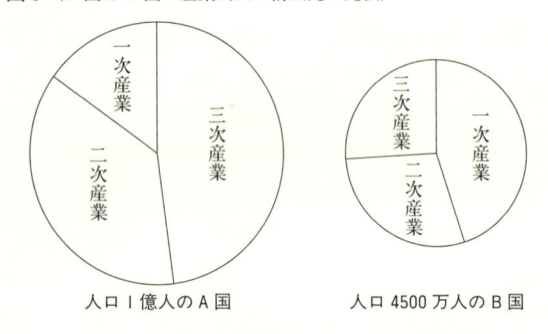

人口1億人のA国　　　　　　人口4500万人のB国

図7 （日本の産業別就業人口比率）

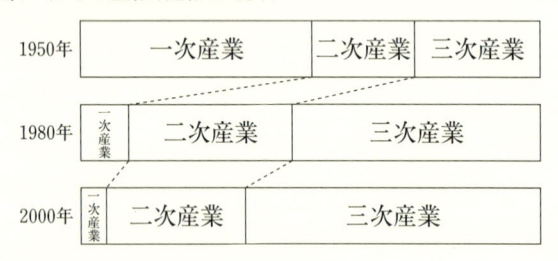

なお、図6のような円グラフの面積比を扱うときは、半径の長さを決めて円を描くことを実際に練習したいものです。

さて、目的意識を高めるうえからも、いずれ算数の学習において、各グラフの学習を重視するときが来るはずですが、中学校以降の数学で関数が導入されることを考えても、グラフに関する理解はぜひ、深めておくべきでしょう。本節冒頭で述べたように、デカルトは「数と式の世界」と「図形の世界」を結びつけました。中学校へ進んだとき、次の1次関数、2次関数の数式

$$y = x + 2, \quad y = x^2$$

をグラフに表すと（図8）、上の関数が何を表すかが、はるかに理解しやすくなるはずです。

図8

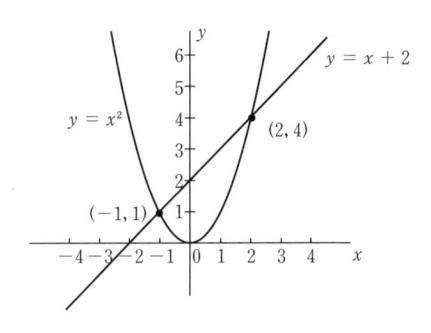

2 − 4　正多面体のサイコロ

正多面体は5つしかないの？

　私は算数の成績は悪かったものの、とにかくゲーム好きの子どもでした。小学生の頃は「すごろく」で、中学生のときは「モノポリー」でよく遊びました。

　サイコロを1個投げて遊ぶゲームでは、その目は1から6までなので、1コマから6コマ先にしか進めません。したがって、次の可能性は6種類しかなく、子どもながらに変化が小さいように感じたことがあります。実際、相手があと3コマで上がりのとき、自分は上がりまで19コマ分残っていると、絶対に勝てません。

　小学校高学年のある日、父親が縁日か何かで正4面体、正6面体（立方体）、正8面体、正12面体、正20面体のサイコロを買ってきました（次ページ図1参照）。

　正20面体のサイコロには1から20までの数字、というように、それぞれの正多面体のサイコロには1から面の数までの数字が入っていました。数字の「6」と「9」の違いが読みにくかった以外は楽しいもので、とくに正20面体のサイコロを使って「すごろく」をおこなうと、変化が大きいのでワクワクして遊んだことを思い出します。

　しかし、自然と疑問も湧いてきました。

図1

正4面体　　　正6面体　　　正8面体

正12面体　　正20面体

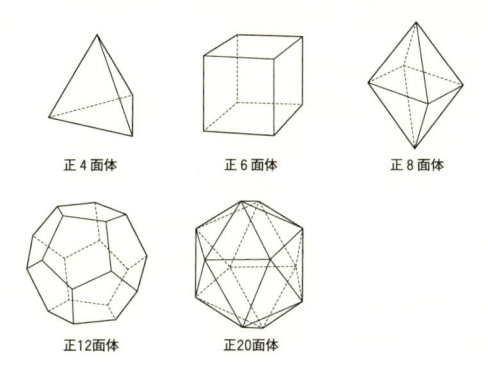

　それは、「どの面も同じ正多角形をした立体（正多面体）はほかにないのか？」ということです。父親に聞きましたが、歯切れのよい答えはありません。

　しばらくしてから、正多面体は図1にある5種類だけに限る事実を知りましたが、その説明に出会ったのは中学生になって、数学書を楽しく読み始めてからのことでした。

　疑問をもち続けていると、いつかはきっと解き明かしてくれるのが数学の面白さなのですが、その説明では、位相幾何学（トポロジー）における最初の重要な結果である「オイラーの定理」（1752年）を本質的に用います。さらに説明の最終段階では、離散数学の重要な手法である「2通りに数える方法」も使います。

　こんなふうに言うと、「それはあまりに難しいのではないか？」と思われるかもしれません。しかし、ゆっくり丁寧に述べれば、中学生にも理解可能なもので

す。また、それらの考え方は中学入試の算数問題でも、手を替え品を替えていろいろ出題されています。そこで以下、やや厳密さは欠きますが、その説明をやさしく一歩ずつ述べましょう。

わかりやすい「オイラーの多面体定理」

正 F 面体があったとして、その頂点の個数を V、辺の本数を E とします。図1にある5つの正多面体に関しては、それぞれ表1のようになっています。

表1

	V	E	F
正4面体	4	6	4
正6面体	8	12	6
正8面体	6	12	8
正12面体	20	30	12
正20面体	12	30	20

以下、V と E と F の組は、上の表以外にないことを示しますが、それ以外に正多面体があったとしても、

$$V - E + F = 2 \quad \cdots (*)$$

は常に成り立つことを先に示します。ちなみに $(*)$ は「オイラーの多面体定理」と呼ばれ、正多面体以外に拡張しても成り立つものです。

さて、「正 F 面体の頂点の個数を V、辺の本数を E とする」ことを念頭に置きながら、以下の説明をたどってみてください。

まず、いま考えている正多面体の一つの面を切り取って（面の数 F はマイナス 1、頂点の数 V と辺の数 E は変化ナシ）、その面のあった場所に指を入れて押し広げ、平面上に貼り付けることを想定します。ただし、各面を伸ばしたり縮めたりすることは構いませんが、頂点は頂点に、辺は辺に移します。たとえば正 6 面体に対しては、図 2 のようにすることを想定します。

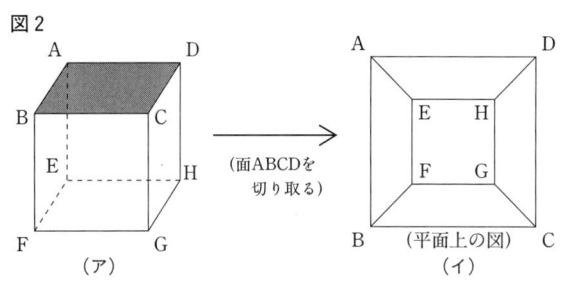

図 2

次に、頂点を増やすことなく辺を描き込んでいき、平面上に貼り付けた図をいくつかの三角形だけにします。たとえば図 2 の（イ）に対しては、図 3 のようにすることを想定します。

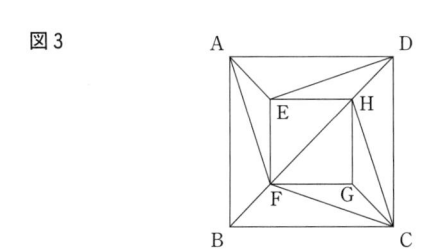

図 3

2-4 正多面体のサイコロ

頂点 V を増やすことなく辺を描き込む作業において、1本の辺を描き込む（辺の数 E はプラス1）と、面の数は1つ増える（面の数 F はプラス1）ことに注意してください。たとえば図3において、辺 AF を描き込むことによって、四角形 ABFE は三角形 ABF と三角形 AFE に分かれ、面の数は1つ増えています。

次に、上の図における三角形を1つずつ外側から取り除いていきます。たとえば図3は、図4のようにしていくことを想定してください。

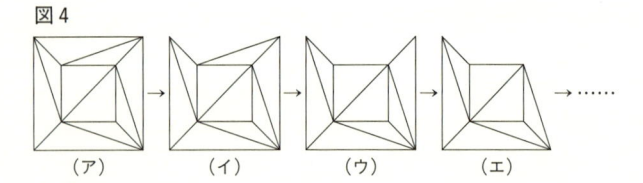

図4

（ア）→（イ）→（ウ）→（エ）→ ……

上の作業を続けていくと、最後には三角形が1つだけ残りますが、途中の各ステップにおいては、図4の（ア）から（イ）のように、

E はマイナス1、F はマイナス1、V は変化ナシ

という型（I）か、図4の（ウ）から（エ）のように、

E はマイナス2、F はマイナス1、V はマイナス1

という型（II）のどちらかによって、三角形は1つずつ取り除かれています。

最後に残った1つの三角形に関しては、

$$V - E + F = 3 - 3 + 1 = 1 \quad \cdots (☆)$$

となっています。

ここで一連の作業の各段階における $V - E + F$ の値の変化を考えてみると、

- 頂点を増やすことなく辺を描き込む作業

    値の変化 $= 0 - 1 + 1 = 0$

- 三角形を1つずつ取り除く作業（I）

    値の変化 $= 0 - (-1) + (-1) = 0$

- 三角形を1つずつ取り除く作業（II）

    値の変化 $= (-1) - (-2) + (-1) = 0$

となり、$V - E + F$ の値は変化していません。

最初に一つの面を切り取ったとき、F はマイナス1で V と E は変化ナシでしたから、（☆）の右辺に1を加えると（＊）の右辺となって、（＊）の成立がわかります。

ここで、いま考えている正 F 面体の1つの面を正 n 角形とし、1つの頂点に r 本の辺が集まっているとします。このとき、

$$n \times F = 2 \times E, \quad r \times V = 2 \times E \quad \cdots (□)$$

の2式が成り立ちます。なぜならば前者は、n 本の辺で囲まれている n 角形が F 個あり、それらを掛け合わせると各辺は2回カウントされることになるからです。また後者は、各頂点から r 本の辺が出ていて、頂点の個数は V なので、それらを掛け合わせても各辺は2回カウントされることになるからです。

上2式を

$$F = \frac{2 \times E}{n}, \quad V = \frac{2 \times E}{r}$$

と変形し、それらを（∗）に代入すると、

$$\frac{2 \times E}{r} - E + \frac{2 \times E}{n} = 2$$

を得ます。そして両辺を $2 \times E$ で割って移項すると、

$$\frac{1}{n} + \frac{1}{r} = \frac{1}{2} + \frac{1}{E} \quad \cdots (\triangle)$$

を得ます。

いま、n と r の定義を思い出せば

$n \geqq 3$　かつ　$r \geqq 3$

は明らかに成り立ちます。

ここでもし、

$n \geqq 4$　かつ　$r \geqq 4$

とすると、（△）の左辺は $\frac{1}{2}$ 以下となって、右辺が $\frac{1}{2}$ より大であることに反して矛盾です。したがって、

$n = 3$　または　$r = 3$

が成り立ちます。

$n = 3$ とすると、（△）より

$$\frac{1}{r} - \frac{1}{6} = \frac{1}{E} \quad \cdots (1)$$

となります。(1) の右辺は正ですから、r は 3，4 または 5 でなければなりません。

$n = 3, \quad r = 3$

のとき、

$$E = 6, \quad V = 4, \quad F = 4$$

となります ((1) と (□) を使用)。

また、

$$n = 3, \quad r = 4$$

のとき、

$$E = 12, \quad V = 6, \quad F = 8$$

となります ((1) と (□) を使用)。

また、

$$n = 3, \quad r = 5$$

のとき、

$$E = 30, \quad V = 12, \quad F = 20$$

となります ((1) と (□) を使用)。

一方、$r = 3$ とすると、(△) より

$$\frac{1}{n} - \frac{1}{6} = \frac{1}{E} \quad \cdots (2)$$

となります。(2) の右辺は正なので n は 3,4 または 5 でなければなりません。

$$r = 3, \quad n = 3$$

のときは先に示したように、

$$E = 6, \quad V = 4, \quad F = 4$$

となります。

また、

$$r = 3, \quad n = 4$$

のとき、

$$E = 12, \quad V = 8, \quad F = 6$$

となります ((2) と (□) を使用)。

また、
$$r = 3, \quad n = 5$$
のとき、
$$E = 30, \quad V = 20, \quad F = 12$$
となります ((2) と (□) を使用)。

以上から、正 F 面体は表1に示した5個に限ることがわかりました。

ゆっくり議論をたどれば決して難しくないと思いますが、ここで、(∗) を導くとき、多角形を「三角形」に分割した方法が功を奏したことに留意してください。

もちろん、小学生の段階でここまでの説明をするのは現実的ではありませんが、遊びを通じてこうした疑問を感じ取っていくことは、数学的に考える芽を育てていく意味で、とても大切なことだと思います。

なお、ちょっとしたおもちゃ屋さんならば、正多面体各種のサイコロは売っています。ほかにもいろいろ探してみると、大人でも面白いものに出会えるかもしれません。

2−5　ゲームから始まった人生

サイコロと「場合の数」

　どんどん学校の「算数」から離れてしまいますが、この節でも「ゲームの数学」の話を続けましょう。子どもというのは変なことを考えるもので、それは私に限ったことではないと思います。

　戸外ではゴムボールを使った野球、室内では前節で述べた「すごろく」のほか、おはじき、知恵の輪、将棋、五目並べ、トランプ等々、ありとあらゆるゲームで遊びました。しかし、中でも熱中して、しかも「不思議だな」という思いの残った遊びが、「あみだくじ」と「15ゲーム」でした。

　どこの家庭でも似たようなことは起こっていると想像しますが、すごろくで遊ぶとサイコロをよくなくしてしまい、そのたびに保管場所を変えていました。ある日、図1のように部屋の隅にサイコロを置いてみましたが、その保管方法だけは長いこと続いていたように思います。

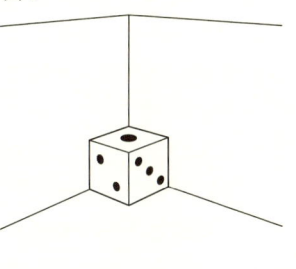

図1

しばらくすると、私はその置き方にこだわりはじめました。1の目が上であっても、図2のように4通りの置き方があることに気づいたのです。

図2

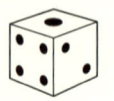

さらに、面の個数は6なので、部屋の隅にサイコロを置くすべての場合の数は、

　　$4 \times 6 = 24$

であることにも気づきました。したがって、それら24通りにいろいろと動かして保管していたのです。

参考までに、前節で述べた正多面体のサイコロについても、正6面体（立方体）を除く4種類（99ページ参照）の同一場所での置き方の総数（合同変換の総数）を考えると、以下のようになります。

　　正4面体………12通り
　　正8面体………24通り
　　正12面体………60通り
　　正20面体………60通り

実はいまから振り返ると、それらは数学の言葉を用いて、「正多面体の合同変換群の位数」というものを

求めていたことになります。

あみだくじの「不思議」

あみだくじで不思議に思ったことは、2つありました。ひとつは、「上段でスタートする地点が異なれば、たどり着く先は必ず異なるのか？」ということです。

もうひとつは、上段にたとえば7人がいて、下段に1等から7等まであるとき、「全員のたどり着く先を思い通りに仕組むことはできないのか？」ということです。

たとえば7人をA, B, C, D, E, F, Gとして、Aを3等、Bを7等、Cを1等、Dを4等、Eを2等、Fを6等、Gを5等にたどり着かせたいとき、図3のようなあみだくじを即座に作れないか、ということです。

図3

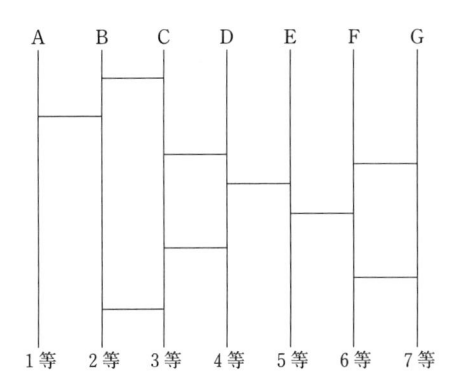

あみだくじに関する最初の不思議、「たどり着く先は必ず異なるのか」については、小学生のとき、自分なりに次のように考えて納得した覚えがあります。

ルートを変えさせる横棒の数は、しょせん有限個。だったら、たとえば図3のあみだくじを上下に引き伸ばせば、それぞれ横棒の位置は図4のように同じ高さにならないように調整できるはず。

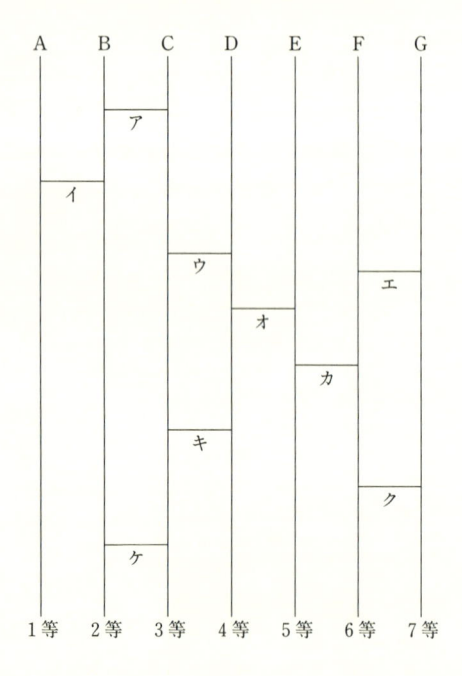

図4

図4において、横棒は上から下に向かってア，イ，ウ，エ，オ，カ，キ，ク，ケの順に並んでいる。これに図5のように、横に長い定規をあてて上から少しずつ下に下ろしていくことを考え、それにあわせて、AからGまでのルートもそれぞれ少しずつ下に下ろしてたどっていくように考える。

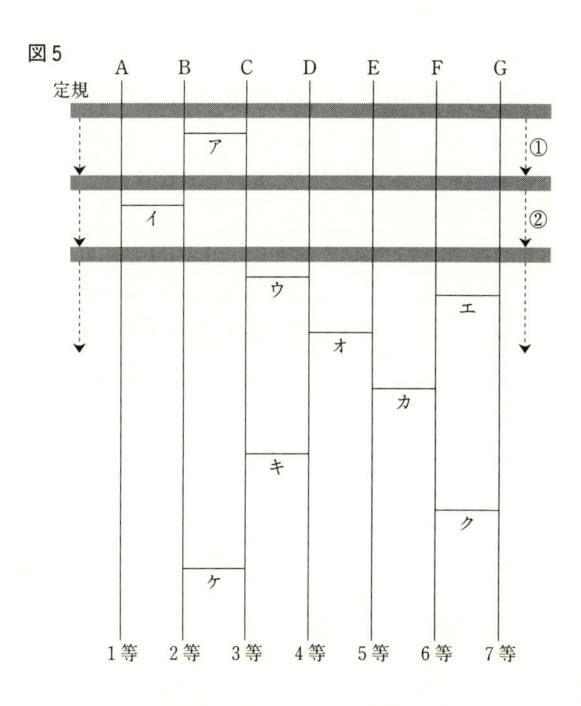

図5

　すると、定規がアを通過したとき（①）、左から2本目と3本目のたどるルートが入れ替わるだけで他は

2-5　ゲームから始まった人生　111

変わらない。そして定規がイを通過したとき（②）、1本目と2本目のたどるルートが入れ替わるだけで他は変わらない、……というように、定規がどの横棒を通過したときでも、**隣どうしにある2本のたどるルートが入れ替わるだけ**である。

そのように考えれば、定規を少しずつ下ろしていくとき、上段でスタート地点が異なれば、たどっているルートが途中のどこかで合流することは絶対にないことになる。だから、スタート地点が異なれば、たどり着く先は必ず異なる——。

あみだくじの仕組み方

あみだくじに関する2番目の「不思議」については、5人前後のあみだくじならば具体的にすぐ作れるけれども、人数を特定しない一般的な作り方に関しては、小学生の私にはいくら考えてもわかりませんでした。

結局、「あみだくじの参加人数が何人であっても、全員のたどり着く先を思い通りに仕組むことは可能である」ことを最初に納得できたのは、高校1年生のときに数学的帰納法を学び、その応用として自分自身でそれを示したときでした。

しかしながら、その方法を改良して実際に用いることができたのは数学者になってからのこと。1994年に出版した最初の著書『教養の数学28講』（東京図書）に掲載しましたが、まだ不満の残るものでした。

そして、自分自身でも「これ以上によいものはない」と信ずるに足る仕組み方をようやく思いついたのは、1990年代の後半でした。以下にその方法を説明しますが、出前授業などで仕組んでみせると、「これだけは自分のものにして、家族や友だちに見せたい」と意気込んで、みんなが大いに乗ってくることを実感します。試してみてはいかがでしょうか。

　では、最初に図6を見てください。

図6

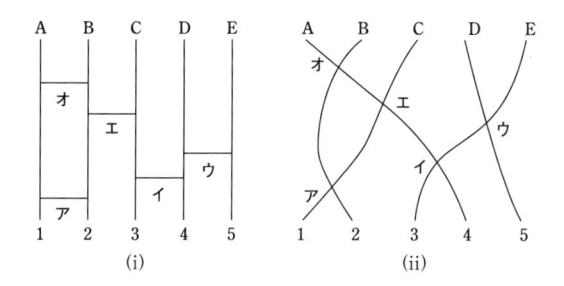

　(i) は、Aは4、Bは2、Cは1、Dは5、Eは3にたどり着きます。また (ii) では、Aから出る線は4にたどり着き、Bから出る線は2にたどり着き、Cから出る線は1にたどり着き、Dから出る線は5にたどり着き、Eから出る線は3にたどり着きます。

　そこで (i) と (ii) の間に、次の図7を置いて考え

てみましょう。それによって、(i) と (ii) は本質的に同じことを意味していることがわかります。

図7

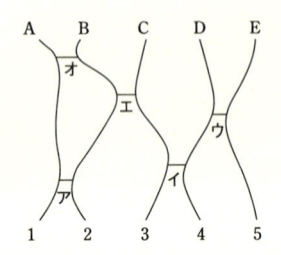

今度は、下の図8のようなあみだくじの原型に適当に横棒を入れて、Aを3、Bを2、Cを5、Dを1、Eを4にたどり着かせるようなあみだくじを作ることを考えます。上で述べたことを参考にして、横棒を入れる場所を考えましょう。

図8

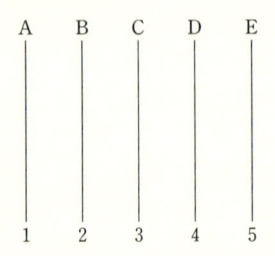

まず、Aから3、Bから2、Cから5、Dから1、Eから4にたどり着かせる線を、図8とは別に、図6の (ii) のような図を描くように引いてみます。そのとき、どの線も曲がって構わないものの、線は常に下に向かって下がっていき、1つの交点で3つ以上の線は交わらないようにし、また線と線の交点どうしはなるべく離すように注意します。

　すると、たとえば次の図9のような図を描くことになります。そして、交点を下からア，イ，ウ，エ，オと名づけます。

図9

```
    A   B   C   D   E
     \ / \ / \ /
      X   オ   \
     ウ エ     \
      イ       ア
    1   2   3   4   5
```

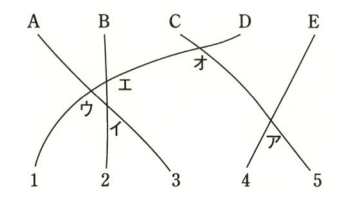

　次にこの図9を、図10のように変形します。そして、図10のア，イ，ウ，エ，オを、その位置関係が変わらないように横棒にして、図8に作っておいた縦棒だけのあみだくじの原型に描き込んでいけば、目的どおりのあみだくじは完成します（図11）。

図10

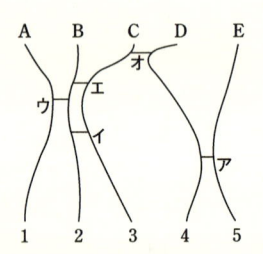

```
   A   B   C   D   E
           オ
       ウ  エ
           イ
                   ア
   1   2   3   4   5
```

図11

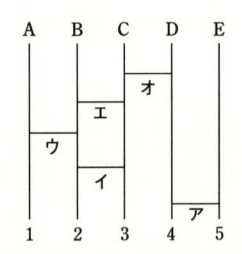

```
   A   B   C   D   E
               オ
           エ
       ウ
           イ
                ア
   1   2   3   4   5
```

　このあみだくじの仕組み方は、対象人数が5人の場合でした。同じようにおこなえば、人数は何人であっても、どのようにも仕組めることは容易に想像できるでしょう。

　ところで、図3（109ページ）のあみだくじで上段のA, B, C, D, E, F, Gをそれぞれ1, 2, 3, 4, 5, 6, 7に取り替えて、下段から「等」を削除する

と、次のようなあみだくじができます。

図12

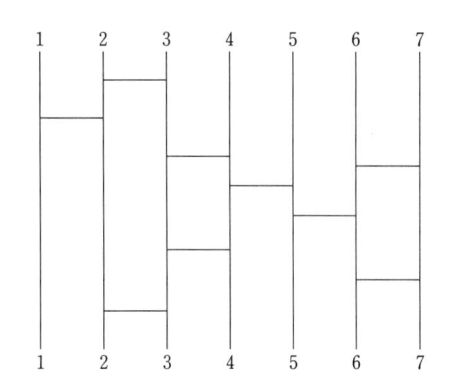

このあみだくじは、

 1→3, 2→7, 3→1, 4→4, 5→2, 6→6, 7→5

というように、1から7までの数字の「置き換え」になっていることに注意してください。それを数学の言葉では「置換」といいますが、結局、あみだくじは1からnまでの数字1, 2, 3, ……, nのどのような置換も仕組むことができることを意味しているのです。参考までに数学の専門用語を用いると、「あみだくじは、n個の数字1, 2, 3, ……, n上の置換全体が作るn次対称群をあらわしている」と言えます。

15ゲームを改良する

小学生のときに「不思議だな」という思いが残って

好きだった、もうひとつの遊びである15ゲームについて話しましょう。

15ゲームは、年配の方々なら「昔、遊んだことがある」と思い出す人も多いことでしょうが、4×4のマス目に1から15までの正方形の小チップがバラバラに入れてあり、空白の1マスを利用して小チップを上下左右にすべらし、それらをいくつかの標準形にもっていくゲームです。たとえば図13のスタートから、3を右にずらして、3があった所に8を下げて、……というように小チップを4×4のマス目の中で動かしていくのです。

図13

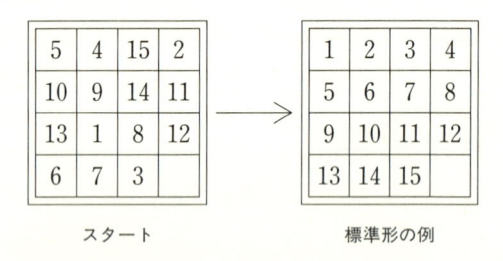

5	4	15	2
10	9	14	11
13	1	8	12
6	7	3	

→

1	2	3	4
5	6	7	8
9	10	11	12
13	14	15	

スタート　　　　　　標準形の例

ところが15ゲームは、最初に小チップをバラバラにして入れると、完成する場合としない場合がちょうど半々になります。たとえば図13は完成しますが、図14に示した形からは完成しません。

図14

1	2	3	4
5	6	7	8
9	10	11	12
13	15	14	

　私は小学生の頃、図14のような場合は絶対に完成しないということを経験的に悟りました。しかし、「なぜ図14からは完成しないのか」ということがわからず、それが不思議でたまりませんでした。

　小学校での修学旅行のある日、友人と15ゲームを宿で一緒にやっていて、図14の状況に陥ったにもかかわらず、私が水を飲みに行って帰ってくると友人は「できた！」と言ったのです。私が「どうやってできたの？」と聞いても、「適当に動かしていたらできちゃったんだ」と答えるばかりでした。「ひょっとして、14と15を持ち上げて取り替えちゃったんじゃないの？」とたずねると、「僕がそんなことするはずがないよ」と答えるのです。

　反論できなかった私は、そのときのちょっと悔しい気持ちをずっともち続けていました。そして、納得できる証明を思いついたのは、大学院生になった頃でした。

　本書では、「15ゲームは簡単すぎるし、バラバラにすると完成しない場合が半分あるのも気にいらない」という読者のために、その問題点を改良したゲームを

紹介しましょう。これは、紙と鉛筆だけあれば誰でも気軽に楽しめるものです。

まず、図13の15ゲームを次の図15の形に変形して復習してみましょう。

図15

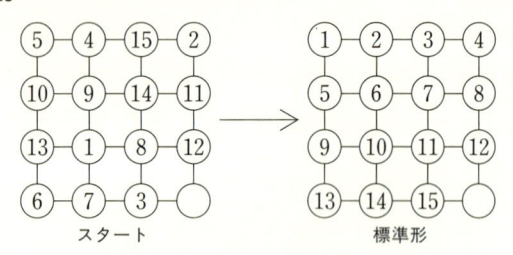

スタート　　　　　　　　標準形

上図においては、1から15までの正方形の小チップの代わりに、1から15までの円形の小さい紙を用意し、縦横にある線の上を、空白の○を利用して1枚ずつ移動させると考えるのです。

まず、図15にある1から15までの小さい紙を1から7までに制限して、図16のようなゲームを考えます。

図16

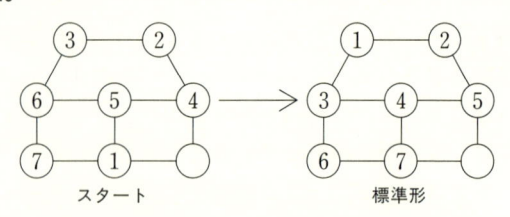

スタート　　　　　　　　標準形

この図16のゲームにおいても、数字を書いた紙は線の上を空白の○を利用して1枚ずつ移動させて完成させますが、このゲームならばスタートにおいて1から7を書いた紙をどのように置いても、必ず標準形にもっていくことができます。また、難易度も15ゲームより高くなっています。

　何度かやってみて、この図16のゲームも簡単に思えるようになったら、次の図17に示したゲームにチャレンジして下さい。紙を動かす線を1本少なくしたものですが、これもスタートで1から7を書いた紙をどのように置いても標準形にもっていくことができますし、難易度もさらに高くなっています。このゲームがスラスラとできるようになれば、相当な上級者になったと言えるでしょう。

図17

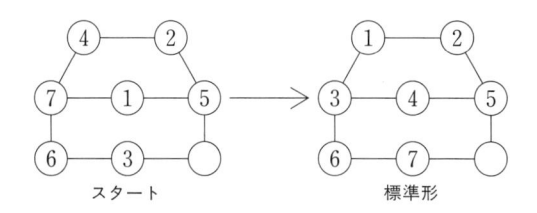

スタート　　　　　　　　　標準形

2－5　ゲームから始まった人生

「マジックボール」の数学

ここで図15に戻ってみてください。ここでは空白の○を無視すると、1から15までの数字の置き換え（置換）になっています。同様に、図16と図17でも空白の○を無視すると、1から7までの数字の置き換え（置換）になっています。そして図16と図17のゲームでは、あみだくじと同じく、どのような文字の置き換え（置換）もできます。

ところが図15すなわち15ゲームでは、すべての置換のうち、「偶置換」という性質をもつ置換に対応するゲームしか完成しないのです。これ以降はやや難しくなるので、読み飛ばしていただいて構いません。

15ゲームでは、空白のスペースを一つの文字と見なすと、毎回の操作は「空白」が上下左右にある文字と交替しているのです。スタートから最後の終了時までの間に、「空白」は左に動いたのべ回数分だけ右に動き、上に動いたのべ回数分だけ下に動きます。したがって、左に動いたのべ回数の2倍と上に動いたのべ回数の2倍の合計回数分の交替があることになります。その交替の回数は合わせて偶数となり、そのような置換を偶置換というのです。そして、1から15までの数字1, 2, 3, ……, 15の置換全体のうち、偶置換となるものはちょうど半分あります。さらに数学の専門用語を用いると、「15ゲームは、数字1, 2, 3, ……, 15の偶置換全体が作る15次交代群を表している」と言えます。そして、それは偶置換に対応する15

ゲームはすべて完成することを意味しています。

　なお、あみだくじによって直観的に述べると、偶置換は横棒の本数が偶数のあみだくじに対応しています。そして、横棒の本数が奇数のあみだくじに対応する置換を「奇置換」といい、たとえば図12で表現されている置換は奇置換になります。

　最後に、この置換という概念を使った自作の立体ゲームを紹介しましょう。

　これは2001年に作ったもので、硬質プラスチックの球面上に、3つの円形の溝を設けて、それらの上に10個の玉1，2，3，4，5，6，7，8，9，10を埋めてあります（写真参照）。本書ではそれを「マジックボール」と呼ぶことにします。

　さて、このマジックボールの構造は、平面的に描くと次ページ図18のように、3つの円の上を、玉を巡回させるように移動させるしくみになっています。すなわち、1，4，2，8に沿ってグルグル回すことができ、3，4，5，6，7，8に沿ってグルグル回すことができ、9，5，10，7に沿ってグルグル回すことができます。

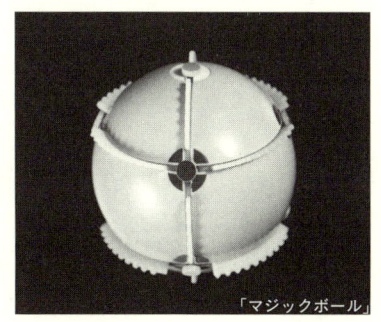

「マジックボール」

2−5　ゲームから始まった人生

図18

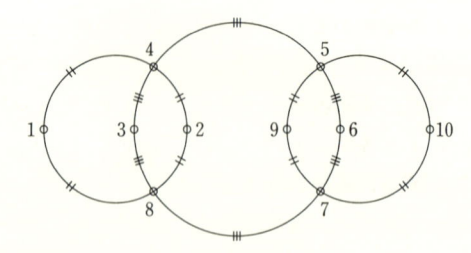

マーク「||」、「|||」は球面上で等距離であることを意味している。

　マジックボールは1から10までの数字1，2，3，4，5，6，7，8，9，10上のすべての置換を表すことができます。それはこの世に1つしかないもので、私の人生で作った模型の中でも最高の宝物だと思っています。

　実は〈はじめに〉で述べたアーベルやガロアの理論を学ぶと、10個の玉を方程式の根に見立てることによって、マジックボールは解くことのできない10次方程式の「ガロア群」というものを表現していることがわかります。さらに、ほとんどの10次方程式はマジックボールの性質のように、それらの「ガロア群」は10次対称群になるのです（拙著『置換群から学ぶ組合せ構造』参照）。

　本節の後半で紹介した15ゲームやそれを改良したゲームは、紙を切るだけで誰でも簡単に遊ぶことができます。全国の出前授業で子どもたちを相手に説明して「遊んで」みると、生き生きした元気な声をたくさん

聞くことができます。そして、**「試行錯誤」の重要性**が、多くの子どもたちに浸透していくかのように感じます。

　小学生の頃の遊びは、大方は単なる遊びなのかもしれません。しかしその中には、「疑問」や「不思議」という、将来いろいろな方面に発展する可能性を秘めた「種(たね)」が隠れているのも事実なのです。

第3部
「文章題・論理力」のつまずき

3 − 1　問題文の意味がわからない

文章問題は大嫌いだった

　小学生の頃、勉強と名がつくものはおよそ嫌いで苦手だったことはすでに述べましたが、中でも最も苦手だったのが国語でした。これは性格の問題かもしれませんが、「小説やテレビドラマは、ニュースやスポーツと違って本当のことではない」という思いが強かったため、物語を読まされるのが好きになれなかったのです。そんなわけで、国語と算数の間にあるような長文の算数文章問題は大嫌いでした。それどころか、皆目意味がわからなかったのです。「問題の意味がわからないから、本当に解けません」と、恥ずかしい気持ちで何度答えたかわかりません。

　しかも当時の先生は、「自分で算数の文章問題を作りなさい」という宿題をよく出しました。いまでこそ、それもいい指導法のひとつだと思いますが、「○○君」とか「△△さん」などと架空の名前が出てくる問題文の、意味さえ読み取ることができない私に、自作などできるはずがありません。そこで、〈はじめに〉でも述べたように、見かねた母親が毎回、宿題を「代行」してくれたわけです。宿題を提出した後の小テストで、自分で作った（はずの）問題もできない私に、先生はさぞや呆れたことでしょう。

幸い私は中学校受験もしませんでしたし、中学校以降の数学で問題が抽象的になっていく過程で、自然と文章問題に悩まされることはなくなりました。しかしながら、いまの小学生には「文章問題などできなくてもよい」と言えないでしょう。また、算数の文章問題に取り組むことは、数学における論理力や説明力を育むうえで、実は重要なものを含んでいます。私は数学教育に携わるようになってから中学入試問題の分析もおこなってきましたので、そこで得られた知見も含めて、文章問題に関するアドバイスをしていきたいと思います。

文章問題の答え方

　文章問題の苦手な子どもへの第一のアドバイスは、とにかくじっくりと読むことです。

　ここ数年、小学生が文章問題を苦手とする主な理由は、文章をほとんど読まないことだと断言できます。

　私自身が小学生の頃は、文章問題が苦手だったとはいえ、何度も何度も問題文を読んでいました。ところが、読めば読むほどいろいろな解釈のしかたがあるように思えて、ますますわからなくなってしまったのです。ですから、鉛筆をもっても式の一行すら書けませんでした。

　それに対していまの小学生は、文章の意味（論理）をじっくり追おうとしない傾向があります。問題文を見ると、文章をゆっくり読むことなく、手近にある2

つの数字を見つけて、足し算、引き算、掛け算、割り算のどれかの演算をパッとおこない、それを平然と答えにしてしまう。あるいは、直前にやった例題のパターンに、見当違いの数字をあてはめてしまう。小学校の教師や親御さんたちの話を聞いていると、国語の成績のよい子どもも含めて、そういう生徒が急増しているようなのです。

　そのような生徒に対しては、まず**落ち着いて問題文を読み、その意味をじっくり追うようにさせなくては**なりません。「大事なところに線を引きなさい」などと言われた覚えのある方も多いと思いますが、与えられている条件（わかっていること）は何か、求められていることは何かをしっかり読み取ることが先決で、それから、与えられた条件から何を導き出していくとよいのかを考えていくのです。

　とはいえ、そのように読むことは、口で言うほど簡単なことではありません。そこでさらに大事なアドバイスとして、**丁寧な解答を書く**ことを心がける、ということを強調したいと思います。

　単位をしっかり書くこと、図を上手に使うことなどの具体的なアドバイスは別項〈3－4〉〈3－5〉で述べることとして、ここでは、以前に私が出版した『どうして？に挑戦する算数ドリル』（数研出版）から文章問題を2つ紹介しましょう。この算数ドリルはまさに丁寧な解答を書くための問題集ですから、一般の文章問題とはかなり設問が変わっています。

まずは、中学入試でもよく出てくるような内容の、基礎的な問題です。

> 【問題1】
> 　2つの歯車アとイがかみ合っていて、アの歯の数は30、イの歯の数は45です。いま、アが21回まわるとイが何回まわるかを求めるとき、Aさんは以下のような式を書いて答えを出しました。わからないお友だちに説明できるように、わかりやすくていねいな説明文を書いてみましょう。
>
> 　Aさんの答え）　$30 \times 21 \div 45 = 14$（回）

以上が問題です。解答例は以下のようになります。

> 【解】
> 　アが21回まわることは、アの歯の数にすると、
> 　$30 \times 21 = 630$
> 動くことになります。そのとき、イの歯の数も同じだけ動くことになります。そこで、イの歯の数は45なので、イのまわる回数は
> 　$630 \div 45 = 14$（回）
> になります。

　以上のように、文章問題の答えも、文章として説明するものとするわけです。次も同様です。

【問題２】

　Ａ君はいま８歳で、Ａ君のお母さんはいま30歳です。14年後にはＡ君は22歳になり、Ａ君のお母さんは44歳になります。だから、Ａ君の年齢はＡ君のお母さんのちょうど半分になります。Ａ君ばかりでなくどの子どもでも、お母さんと一緒に元気に生活していれば、お母さんの年齢のちょうど半分になるときが必ずあります。なぜでしょうか。

これは興味をもって考えさせる問題です。解答例は次のようになります。

【解】

　子どもは、お母さんが□歳のときに生まれたとします。すると□年後には、子どもの年齢は□歳になり、お母さんの年齢はそれのちょうど２倍になります。たとえば、お母さんが23歳のときに子どもが生まれたとします。すると23年後には、子どもの年齢は23歳になり、お母さんの年齢は子どもの年齢のちょうど２倍の46歳になります。

算数や数学の答えは計算式や数式ばかりが並んでいるものと決まっているわけではありません。このように、相手に伝わるように説明文を書くということが大

切なのです。

　この記述式の算数問題集が出版された2004年当時は、第1部でも触れた奇妙な計算ドリルが大流行で、この本はほとんど注目されませんでした。ところが最近、思わぬところから反響が寄せられました。

　ひとつは2006年6月に福井県教育研究所の中学校数学科・高等学校数学科研修講座に招かれて講演したとき、ある県立高校の文系進学担当の数学教員から、この本を使って授業をおこなったら大変好評だったと伝えられたこと。

　もうひとつは2007年秋に、日本の屋台骨ともなっている従業員1万人以上のメーカーの社員教育責任者から、この本を用いて大学理工学部新卒社員に試験をしたところ、社員教育の課題が浮き彫りになったとの知らせを受けたこと。

　また、2007年末に前年のPISAの結果が発表されると、マスコミばかりか大手の学習塾関係者からも問い合わせが寄せられました。

　文章問題への対応というばかりでなく、丁寧に説明文を書くことの大切さが、ようやく認知され始めたのかもしれません。

「書くこと」で思考は整理される

　ここで自著から記述式問題を取り上げたのには理由があります。問題1の「Aさんの答え」をもう一度見てください。この答えは間違いではありません。間

違いどころか、ふつうはこのように計算式だけを書いて、それで答えとします。ここで解答例に挙げたような説明的なことは頭の中でわかっていればよい、ということでしょう。

しかしながら、そのような「算数はメモ程度の式を書けば、あとは答えだけ合えばよい」という考え方が、じっくり問題文を読みながら考えることをせず、手近な数字を使って適当に演算してしまうような生徒を増やしているのではないでしょうか。なぜなら、「書くこと」によって思考は整理されるからです。

子どもの頃、私は母親や弟とよく言い合いをしました。そこに父親が現れると、たいてい「ワーワー感情的に話してもだめだね。まずは言いたいことを紙に書きなさい」と言われたものでした。それぞれ紙と鉛筆を渡され、主張したいことをメモにして返すと、父親は一つずつ話を整理して丁寧にまとめていました。

そうしてまとめられた文を読むと、取るに足りないことで言い合っていたことがよくわかり、また言い合っていたときにはまったく気づかなかった重要な論点が明らかになって、建設的な話し合いに変わることもしばしばでした。それが私にとっては「書くこと」の力を強く印象づけられた最初の経験です。

現在、数学の長い証明文を書くときは、最初に書きたい文の要点となる内容だけを白紙に順序を無視してメモをします。そして、それらを見ながら証明の骨組みを構成し、最後に証明文を丁寧に書き始めるので

す。また私は何冊かの本を出版していますが、原稿を書く前には、必ず書きたい事項を白紙に思いつくままにメモをします。そして、それらを見ながら構成案をまとめ、最後に原稿を丁寧に書き始めます。

証明の骨組みを構成する以降の段階では、証明を完成させるうえで重大な盲点があることに気づいたり、原稿の構成案をまとめる以降の段階では、気づいていなかった重要な項目を思いついたりすることがしばしば起こります。夜、ベッドの中で「意義ある定理が完成した」と喜んで、翌日、証明の骨組みを紙に書いて構成してみると、本質的な欠陥を見つけてガッカリ、ということも何度となくありました。

昨今、日本の教育に関して「考える力」とか「論述力」ということが言われて久しいのですが、そのためには「書くこと」の教育を充実しなければなりません。穴埋めやマークシート、あるいはキーボードで記号を入力するだけでは絶対にだめなのです。全文を書かせる、限られた時間内でも要旨をしっかり書かせる教育をしなくては、前に進むことはありません。実際、中学校や高校の入学試験では「書くこと」の重要性を意識した問題が増えてきており、これは歓迎すべきことでしょう。

ところが、日本の教育に最も大きな影響を与える大学入試を見ると、全合格者の$\frac{2}{5}$近くは、自分の名前を漢字で書くこととマークを黒鉛筆で塗るだけで合格しているのです。それらは、推薦入試、AO（自己推薦）

入試、あるいはマークシート方式だけの入試からなっています。原因は1991年の大学設置基準の大綱化で、予備校と一緒にビデオ学習して単位が取得できる"大学"、あるいは大学外の飲食店やコンビニでのアルバイトにも単位を認定する"大学"が続々と現れた結果、大学は入学金さえ納めれば誰でも入学できる時代になったのです。

そのように、文章をほとんど書くことなく大学に合格できるので、いまや多くの大学で、講義に携帯電話はもってくるのにノートや筆記用具を何一つもって来ない学生が続出しています。

前述した2006年度のPISAで、日本は論述問題での白紙答案がほかの国に比べて多かったことを、重く受け止めるべきだと思います。

たしかに、「書くこと」は面倒な作業です。しかし、頭の中で考えたことがいかにあてにならないかは、上に述べたとおりです。ですから、「書くこと」によって考えるぐらいのつもりで、まずは答えを導くプロセスを自分なりに丁寧な文章で書くことです。

具体的には〈1−2〉で述べた計算と同じですが、文章問題についてはなおさら、大きめの白紙をふんだんに用意して、本節で掲げた問題1、問題2のような説明文を書く練習をコツコツとおこなっていくことが、文章問題が得意になるための早道でもあるでしょう。

3－2　問題文のあり方を考える

問題文の文章も問われている

　前節で私は、小学生の頃、算数の文章問題は問題文を読めば読むほどわからなくなったと述べました。実はその思いはいまだにもち続けています。つまり算数教育を考える立場から、文章問題の文は、小説やトンチ問題のように読む立場によって解釈が異なることは好ましくなく、可能な限り誤解を生じさせないようにすべきである、という気持ちが根底にあるのです。

　そして、生徒が文章問題を好きになれない背景には、生徒の学習態度ばかりでなく、設問の文章自体の問題もあると考えるわけです。そこで、数年前にある私立中学校の入試で出題された算数の文章問題を挙げて、読者のみなさんと一緒に問題文のあり方を考えてみたいと思います。

【問題1】

　A市のバスの運賃は、市内を3つのゾーンとよばれるグループに分け、いくつのゾーンを通過したかで支払う金額を決めるシステムになっています。料金は同じゾーン内の移動は100円、隣のゾーンへの移動は200円、2つ先のゾーンへ移動するときは300円です。たとえば、図1のようにAゾーンに学校と郵便局、

Bゾーンに清掃工場、Cゾーンに野球場があった場合、学校から郵便局まではAゾーン内の移動なので料金は100円、学校から清掃工場へ行くときは、AゾーンとBゾーンの2つのゾーンを利用するので200円、野球場から郵便局まで行くときは、C、B、Aの3つのゾーンを利用するので300円になります。

図1

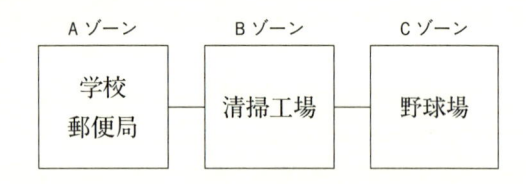

Aゾーン	Bゾーン	Cゾーン
学校 郵便局	清掃工場	野球場

Aゾーンにある駅から明子、かおる、たかしの3人がバスに乗りました。3人の移動した場所と料金が次のとき、空港は□ゾーン、公園は△ゾーンにあります。□と△を求めなさい。

明子さんは	駅→公園→空港→大学	と移動して600円
かおるさんは	駅→公園→大学→空港	と移動して500円
たかし君は	駅→空港→公園→駅	と移動して700円

以上が問題です。まずは、受験生になったつもりで考えてみてください。かなり難しい問題です。

ちなみに、中学入試の算数の問題を見ると、「方程

式を使えば簡単なのに。それが許されないから難しい」との感想をもつ大人は少なくないでしょう。それが迷信であることは後ほど述べますが、この問題の場合、方程式では歯が立ちません。パターンを覚えるだけでも解けないという意味でも、「良問」と言ってよい問題です。

　もちろん、受験塾などでこの種の問題について訓練を積んだ経験があれば、問題の意図にテレパシーのように反応して、スパッと解ける人もいることでしょう。しかし、そういう「空気」を知らない人には（私もそうですが）、わかりにくい、誤解を招きやすい問題でもあるのです。そこで、数学者としての立場から丁寧な問題文に修正すると、次のようになります。長い文章にならざるをえませんが、誤解を招く可能性は排除され、実質的には解きやすくなるはずです。

【問題1の修正】
　ある市では、市内を3つのゾーンA、B、Cに分割し、市内バスを運行させています。その路線は1つだけで、行き（下り）はAゾーンにあるバス車庫を発車し、Aゾーンのいくつかの停留所を通ってからBゾーンに入り、そしてBゾーンのいくつかの停留所を通ってからCゾーンに入り、そしてCゾーンのいくつかの停留所を通ってから、Cゾーンにある終着のバスセンターに到着します。そして帰り（上り）は、CゾーンのバスセンターからAゾーンのバス車庫ま

で、同じ路線を逆向きに進みます。もちろん、行き（下り）のバスは終点のバスセンターで、乗客は全員降りることになり、帰り（上り）のバスは、終点のバス車庫で乗客は全員降りることになります。

図2

――→ 行き（下り）　　　　　　　　←―― 帰り（上り）

バス車庫　　　　　　　　　　　　　　バスセンター

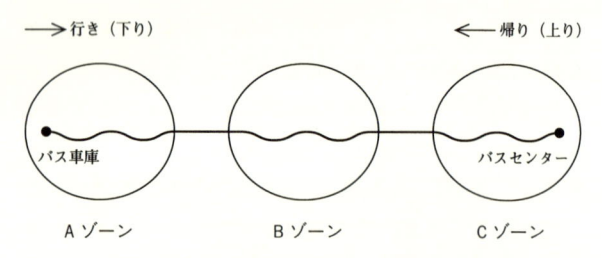

Ａゾーン　　　　Ｂゾーン　　　　Ｃゾーン

　バスの料金は、乗車した停留所があるゾーンと同じゾーンにある停留所で下車したならば100円、乗車した停留所があるゾーンの隣のゾーンにある停留所で下車したならば200円、その他の場合は300円となっています。したがって料金が300円になるのは、乗車した停留所がＡゾーンで下車した停留所がＣゾーンであるか、乗車した停留所がＣゾーンで下車した停留所がＡゾーンであるかのどちらかです。

　さて、上のバス路線にはたくさんの停留所がありますが、その中には駅、公園、空港、大学という4つの停留所があります。そしてある日、明子さん、かおるさん、たかし君の3人は次のように行き（下り）や帰り（上り）のバスを適当に何回か使って移動しまし

た。明子さんは、最初に駅で乗車して公園で下車し、次に公園で乗車して空港で下車し、最後に空港で乗車して大学で下車しました。かおるさんは、最初に駅で乗車して公園で下車し、次に公園で乗車して大学で下車し、最後に大学で乗車して空港で下車しました。たかし君は、駅で乗車して空港で下車し、次に空港で乗車して公園で下車し、最後に公園で乗車して駅で下車しました。

　駅はAゾーンにある停留所で、その日のバス代金は、明子さんは600円、かおるさんは500円、たかし君は700円でした。このとき、空港がありうるゾーンは何ゾーンか、また公園がありうるゾーンは何ゾーンかをそれぞれ求めなさい。なお、答えが1つだけのゾーンに限らない場合は、複数のゾーンを答えにしてもかまいませんが、ありえないゾーンを答えに含めてはいけません。

【答えと解説】

　上の問題の答えは、次のとおりです。すなわち、「空港はCゾーン」で、「公園はAゾーンまたはBゾーン」。その理由を説明しましょう。

　もし公園がCゾーンにあるならば、かおるさんの移動から、大学と空港も公園と同じCゾーンにあるということになります。それは、次のように考えることでわかります。

　Aゾーンにある駅からCゾーンにある公園まで300

円かかります。かおるさんは当日のバス代として500円かかったので、残りは200円。その200円で、公園から大学、大学から空港に移動したので、それらの移動はどちらも同一のCゾーンに限られるのです（図3参照）。

図3

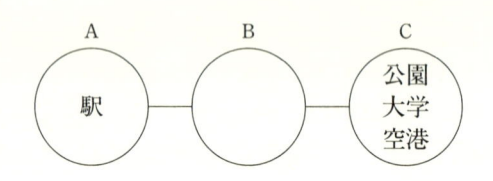

```
     A           B           C
   ┌───┐       ┌───┐       ┌───┐
   │   │       │   │       │公園│
   │ 駅 │───────│   │───────│大学│
   │   │       │   │       │空港│
   └───┘       └───┘       └───┘
```

では、図3の状況のもとで明子さんの移動を考えてみると、駅から公園までは300円、その後は公園から空港、空港から大学をそれぞれ100円で移動したことになるので、合計代金は500円になって矛盾が導かれます。したがって公園はCゾーンではない。

もし公園がBゾーンにあるならば、たかし君の移動から、空港はCゾーンになることがわかります。それは、空港がAゾーンかBゾーンにあるならば、たかし君はAゾーンとBゾーンの中だけで移動していることになり、その移動回数は3回なので、合計代金が700円になることはありえないからです。

そこで、図4の状況で明子さんの移動を考えてみましょう。

図 4

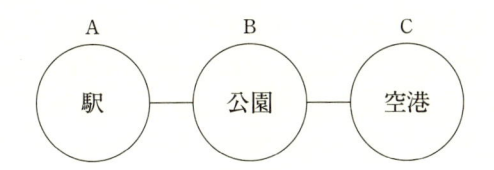

```
    A          B          C
  ┌───┐      ┌───┐      ┌───┐
  │ 駅 │──────│公園│──────│空港│
  └───┘      └───┘      └───┘
```

　明子さんは駅から公園で200円、公園から空港で200円を使っています。残り200円で空港から大学まで移動するので、大学はBゾーンに定まるのです。このとき、かおるさんの移動も500円でできることもわかります。

　もし公園がAゾーンにあるならば、やはりたかし君の移動から、空港はCゾーンになります。理由は上と同じで、空港がAゾーンかBゾーンにあるならば、たかし君はAゾーンとBゾーンの中だけで移動していることになり、その移動回数は3回なので、合計代金が700円になることはありえないからです。そこで、図5の状況のもとで、明子さんの移動を考えてみましょう。

図 5

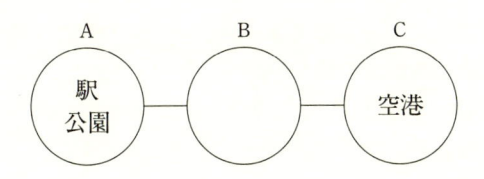

```
    A          B          C
  ┌───┐      ┌───┐      ┌───┐
  │ 駅 │──────│   │──────│空港│
  │公園│      │   │      │   │
  └───┘      └───┘      └───┘
```

3－2　問題文のあり方を考える

明子さんは駅から公園で100円、公園から空港で300円を使っています。残り200円で空港から大学まで移動するので、大学はBゾーンに定まるのです。かおるさんの移動が500円でできることもわかります。

　以上から、次の2つの場合Ⅰ、Ⅱが考えられ、それらは3人のバス代金の条件を満たしています。

　Ⅰ：駅（A）、公園（B）、大学（B）、空港（C）
　Ⅱ：駅（A）、公園（A）、大学（B）、空港（C）

論理的説明文を読む力を

　現在、世界の趨勢は「考えて記述する」教育を重視する方向にあるにもかかわらず、日本では逆に相変わらず「条件反射・丸暗記」式の教育が全盛で、小学生から大学生に至るまで、考えて記述する力、とくに**推論力**が弱くなっています。それはPISAの2003年度、2006年度の調査結果ばかりでなく、ほぼ同時期に文部科学省（国立教育政策研究所）が全国規模でおこなったいくつかの学力調査結果でも、再三にわたって指摘されていることです。

　そうした状況を踏まえると、上で扱った問題は大変意義のあるものだと考えます。また、「中学入試の算数問題は方程式を使えば簡単に解けるのに、それが許されないから難しい」という「迷信」を解く効果もあるでしょう。

　ただ残念なのは、問題文に誤解を生じさせない配慮

がもう少しあってもよかったのではないか、ということと、答えを導く過程を多少でも説明文として記述させる形式にすればもっとよかったのではないか、ということです。

ここで、中学入試の算数の問題は「方程式を使えば簡単に解ける」という誤解について、付言しておきましょう。「つるかめ算」や「旅人算」、〈1-7〉でも触れた「仕事算」など、算数の文章問題には、中学校で習う連立方程式を使えば簡単にできるものが少なくありません。xやyを使わないだけで、代わりに□や△を使って事実上方程式の考え方による解法を教える受験塾があるのも事実です。しかし、実際の中学入試問題をチェックしてみると、方程式を使えば簡単に解ける問題は、あっても配点の少ない「小問」の場合が多く、いわゆる「大問」では、安易に方程式をあてはめると歯が立たない問題がほとんどなのです。

ちなみに、私は方程式を小学校のうちから教えること自体を否定するものではありませんが、子ども自身が興味をもって、じっくり時間をかけて考え方を学ぶなら、という条件をつけてのことです。

また、「中学受験算数にのみ通用するテクニック」さえ磨けばよいというのも、間違った考え方だと思います。と言わざるをえません。およそ中学校以上で学ぶ数学を想定してみると、問題文の意味を読み取るときに特殊なテレパシーのようなものが必要になることはほとんどありません。誤解を招くことのない論理的

な文章を正しく読んだり書いたりすることができれば大丈夫ですし、そのほうが大切です。

その意味では、国語の学習でも、情緒的な小説や詩などで作者の意図や気持ちを読み取るばかりではなく、論理的な文章を読み、書く学習が必要なのではないでしょうか。PISAの学力調査で常にトップクラスに入るフィンランドでは、国語の授業中に算数の文章問題もおこなうそうです。また、When（いつ）、Where（どこで）、Who（誰が）、What（何を）、Why（なぜ）、How（どのように）の「５Ｗ１Ｈ」を大切にした教育を徹底して行っています。日本の国語教育は文学性に偏りすぎているという意見を聞いたことがありますが、私も日頃の読書も含めて、論理的説明文の学習を積極的に試みてもらいたいと考えています。

3-3 「単位」をしっかりと認識する

単位の扱いをめぐる理科と数学の違い

　算数の文章問題は小学生の私にとって「国語と算数の間」のようでしたが、文章問題には「理科と算数の間」という要素もあります。端的なのが食塩水の濃度の問題ですが、ここで考えたいのは、cm、ℓ、km/時といった単位の問題です。

「理数系」という言葉が定着しているように、日本では理科と数学を非常に近い関係のように思う人が大多数です。これは日本に特有の事情で、諸外国では必ずしもそうではありません。数学と理科、数学と社会、数学と人文科学との関係を同じように考えることがむしろふつうなのです。それは、さまざまな現象や問題を数学の世界にモデル化して考えることが、客観的に説得力をもつと考えているからです。

　だからこそ、私は学校教育において科目と科目の壁を乗り越えるべきだと訴え続けているのですが、実は算数と理科、数学と自然科学の関係は、数学と社会科学・人文科学の間以上に摩擦があるのです。非常に近い関係と思われているだけに、逆に双方が自らの立場に相手が合わせることをつい期待してしまい、それが無用の混乱を引き起こしてしまうのでしょう。

　たとえば、理科は数学を道具として見ることがしば

しばあり、「早く対数、三角比、あるいは微分積分を教えてもらわないと困る」とよく主張します。他方、数学は、「基礎から一歩ずつしっかり学んでいくのが数学だから、途中を省略して結果だけをなぞるように学んでいくことは承服しかねる」と反論します。こうした議論は小学校段階から大学教育に至るまで延々と続いており、教科間の垣根はなかなか乗り越えられません。

その考え方の違いが最も典型的に現れるのが「単位」の扱いです。

まず、理科では次のように扱います。

 3 g + 7 g = 10 g

 3 cm × 4 cm = 12 cm²

このように、単位をきちんと省略せずに書きます。それに対して数学では、

 3 + 7 = 10 （g）

 3 × 4 = 12 （cm²）

のように、単位を省略して書く傾向があるのです。

なぜ理科では単位をきちんと書くのでしょうか。それは、**理科は自然現象をありのままに解明する教科**だからです。それゆえ理科の世界では、3個、3 m、3 g、3秒などはありますが、単位がつかない「3」という抽象的な数字はないのです。

反対に**数学は基本的には抽象化した数字を扱う教科**です。それゆえ上の例では、3個、3 m、3 g、3秒などを抽象化した「3」という単位のない数字が出発

点にあります。それだけに、

$$3 + 7 = 10, \quad 3 \times 4 = 12$$

と書けば、それには

$$3\,m + 7\,m = 10\,m$$
$$3\,g + 7\,g = 10\,g$$
$$3\,cm \times 4\,cm = 12\,cm^2$$
$$3\,cm^2 \times 4 = 12\,cm^2$$
$$3\,g \times 4 = 12\,g$$

などの具体的な計算式はすべて含まれる、という考え方をするのです。そして文章題を解くときは、計算式の最後の数字に申し訳ばかりの気持ちを表して、カッコの中に単位のgやcm²を入れた（g）や（cm²）を書くことになります。

このように、片や自然現象の観察、片や抽象化した単位のない数字の世界が土台にあるので、単位の記述に関しては理科と数学が足並みをそろえることは困難です。むしろ、そのような両者の違いを認識し、数字で数式を書くときは理科か数学のどちらの立場で表すのかをはっきりさせ、選択したほうの立場で一貫して書くべきでしょう。よくない記述は、前の式ではすべての数値に単位をきちんとつけて、次の式には単位を一切つけないような一貫性のない書き方です。

算数では単位をつけたほうがよい

ただし、中学校以上の数学ならば、次第に単位をつけなくなってよいものの、小学校の算数の文章問題で

は、できる限り単位をつけるほうがよいと考えます。その理由は第一に、以下のように単位をつけたほうが数字の意味をしっかり確認できるからです。

 3（m）× 4（m）= 12（m²）
 40（km/時）× 3（時間）= 120（km）
 10（g）÷（10（g）+ 90（g））= 0.1 = 10（%）

〈3−1〉でも触れましたが、算数の文章題に向かったとき、手近な数字を使ってすぐに演算してしまう小学生が増えています。それは、その数字がどういう数値かを理解しないことに原因があります。その意味でも、単位をしっかりと書くことによって、問題文を読み取る態度を育てることにつながるでしょう。

さらに、前述のとおり数学は基本的に抽象化した数字を扱いますので、算数の教員も大人も、それをあたりまえのこととして、単位のつかない数字の計算を教え、同時に図形や文章題では単位のつく数字を扱います。しかしながらそれは、「単位」の概念をしっかり学んでいない小学生にとって、抽象的な数字と具体的な数値との違いに違和感をもつ場合も少なくないでしょう。

単位にはさまざまなものがあります。面積の導入で「cm」と「cm²」の違いが理解できなかった私のような例もありますから、「単位」の考え方は文章題に限らず導入時にそのつど、しっかり学びたいものです。

余談ですが、最近メタボリックシンドロームが注目され、大学生でも体脂肪率を測るようになっていま

す。そこで自分の身長をメートルで入力するのですが、自分の身長をcmでしか言えない若者が増えているのです。

　また、〈1－7〉では「全体を1とする」の意味を説明しましたが、時速（km/時）のような「単位数量当たりの数量」を表す単位も重要です。安易に公式や「やり方」を丸覚えさせるのではなく、考え方から理解させることが、数学が得意になるための早道でしょう。

　繰り返しになりますが、理科と算数は土台が違います。その違いを知ったうえで、理科も算数も楽しく学びたいものです。

3 − 4　視覚を使って考える法

図や絵はいかに理解を助けるか

人間は五感、すなわち視・聴・嗅・味・触の5つの感覚を状況に応じて用いて生活しています。〈2 − 2〉で述べたのも、立体図形は視覚ばかりでなく実際に触覚を働かせて学ぶことも大切だということでした。

触覚と視覚を比べると、視覚のほうが適用範囲は広く、それだけ利用する対象も多くなります。文章題に取り組むときも、的確な図や絵を描けるかどうかが、解答できるか否かの鍵を握っています。中学校数学での作図に関するアドバイスは〈4 − 3〉に譲ることにして、本節では算数の問題を考えるときにどのように視覚を利用できるか、図形、文章題、「試行錯誤」のそれぞれのジャンルから1つずつ例を出して、説明しましょう。

【例1】（図形）
　中心がO、半径が2cmの円があります。この円周上に、正方形ABCDの4つの頂点A，B，C，Dがあるように、正方形は円に含まれています。このとき、正方形の面積を求めましょう。

この場合、

OA = OB = OC = OD = 2 cm

となります。したがって、直交している2つの対角線 AC と BD について、

AC = BD = 4 cm

となっています。正方形はひし形なので、

正方形 ABCD の面積 = 4 × 4 ÷ 2 = 8 (cm²)

ということがわかります。

以上は文章による説明です。それを、次の図1を見ながら考えるとどうでしょうか。

図1

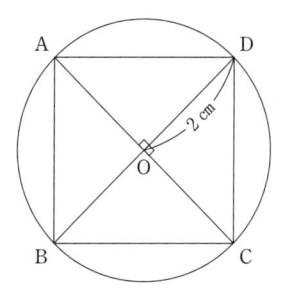

ご覧のとおり、正方形がひし形であることがよくわかるでしょう。また、半径が直角三角形 ABO の底辺でも高さでもあり、この三角形の面積の4倍として正方形の面積を求められることにも気づくことができます。

【例2】(文章題)

　大型リンゴ2個と小型リンゴ4個で合わせて580円です。また、大型リンゴ4個と小型リンゴ6個で合わせて1000円です。大型リンゴと小型リンゴのそれぞれ1個の値段を求めましょう。

　これは「つるかめ算」とよばれる問題の初歩的なものですが、まず文章のみで答えるならば次のようになります。

　最初の条件から、大型リンゴ4個と小型リンゴ8個で、
　　580（円）× 2 = 1160（円）
となります。したがって2番目の条件を使って、小型リンゴ2個で
　　1160（円）− 1000（円）= 160（円）
となります。よって、小型リンゴ1個は80円であることがわかります。それを最初の条件に適用すると、大型リンゴ2個で、
　　580（円）− 80（円）× 4
　　　= 580（円）− 320（円）= 260（円）
となります。よって大型リンゴ1個は130円になります。

　さて、以上の説明に合わせて次の図2を見れば、よりしっかりと理解できることでしょう。

図2

　　　㋐㋐㋑㋑㋑㋑　580円
（2倍）
　　　㋐㋐㋐㋐㋑㋑㋑㋑㋑㋑㋑㋑　1160円
　　　㋐㋐㋐㋐㋑㋑㋑㋑㋑㋑　1000円
　　　㋑㋑　1160−1000＝160（円）
　　　㋑　　80円
　　　㋐㋐㋑㋑㋑㋑　580円
　　　㋐㋐　580−320＝260（円）
　　　㋐　　130円

　こうして図を利用すれば、つるかめ算の「やり方」を知らなくても、充分わかることでしょう。

論理的思考を育む

　最後に、試行しながら答えを考える「試行錯誤」の問題です。

【例3】（試行錯誤）

　ここに、外見が同一な9つのオモリA，B，C，D，E，F，G，H，Iがあります。そのうちの1つだけがほかの8つよりも重いとするとき、天びんを2回だけ利用して、その重いオモリを見つける方法を考えましょう。

3−4　視覚を使って考える法

最初に、A，B，Cを天びんの左、D，E，Fを天びんの右に載せます。もし釣り合ったならば、G，H，Iのどれかが重いので、2回目はGとHを比べればわかります（念のために説明しておくと、どちらかが下がれば、それが重いオモリ、釣り合ったならば、残るIが重いオモリ）。また1回目に、A，B，Cのほうが下がったならば、2回目はAとBを比べ、D，E，Fのほうが下がったならば、2回目はDとEを比べればわかります。

　上の説明に合わせて次の図3を見れば、よりしっかりと理解できることでしょう。

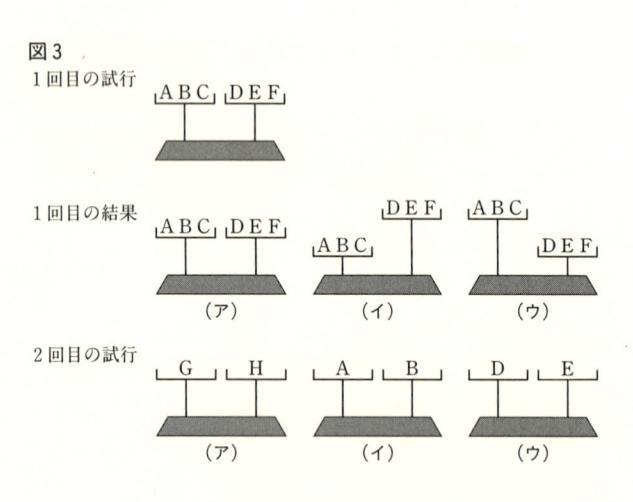

図3
1回目の試行

1回目の結果
（ア）　（イ）　（ウ）

2回目の試行
（ア）　（イ）　（ウ）

　とくに最後の「試行錯誤」の問題は、論理的に考え

ることの練習になります。論理的に考えを積み重ねていくことの訓練は、小学生の算数の段階から、図を利用してプロセスを楽しみながらおこないたいものです。

　最近、大学入試のマークシート形式の問題も影響して、とにかく「やり方」を覚えて答えを素早く出せばよい、という困った意識が高校、中学、そして小学校にまで蔓延（まんえん）しています。これはゆゆしい問題で、プロセス軽視に拍車をかけているのです。

　図や絵を描きながら視覚的にも理解する学習は、「やり方」を覚えて答えを素早く出すことと比べて時間のかかることでしょう。しかしながら、それはプロセスを重視するものであり、しっかりと理解できるだけに、論理的思考力を育む効果的な学習法でもあるのです。

3 − 5 「その対象は一つしかないものか」

「一意的に定まる」ということ

　本書で「文章題のつまずき」を取り上げ、ここまで「書くこと」の大切さを強調してきたのは、実は中学校以降の数学における「証明文」をきちんと書ける力と、論理的思考力を育てることを射程に入れていたからです。

　私は『数学的思考法』などで、論理的思考力を身につけるために地図の説明は優れた教材であることを述べてきました。なぜ、地図の説明をおこなうことが論理的思考力を育てるのでしょうか。その核心は、「いま自分が説明していることは**常に一意的になっているか**」を自問することにあります。

　場所を説明するとき、たとえば駅の改札口が2つあったらどちらかを指定したり、幹線道路のどちらの方面がどの地区に向かっているかを明示したりするように、「いま説明している対象はただ一つのものなのか」を常に自問する必要があります。対象が2つ以上あると、目的とする場所を示せないからです。

　このように、説明において「ただ一つのものである」ことを「一意的」と言い、数学の証明文や論証ではきわめて重要なのです。このあと〈4 − 3〉で触れる作図も、「その方法で描いていけば、目的とする図

を百パーセント確実に描けるのか」を自問しているわけで、本質的には同じ考え方です。

「その対象は一意的か」を自問する学習は、実は小学校から始まっています。たとえば、3つの0より大きい数字○、△、□があって、

　　　○＋△ ＞ □　…（1）
　　　○＋□ ＞ △　…（2）
　　　△＋□ ＞ ○　…（3）

が成り立てば、○cm、△cm、□cmを3辺の長さにもつ三角形は存在し、それはただ一つであることを少なくとも経験的に学びます。その厳密な証明（三角形の合同）は中学生になってから学ぶとしても、次のような直観的な説明があります。

図1を見てください。(ア)、(イ)、(ウ)、(エ)、(オ)となるにしたがって、長さ○cmの棒の先端Aと長さ△cmの棒の先端Bとの距離は（△－○）cmから（○＋△）cmまで少しずつ伸びてきています。

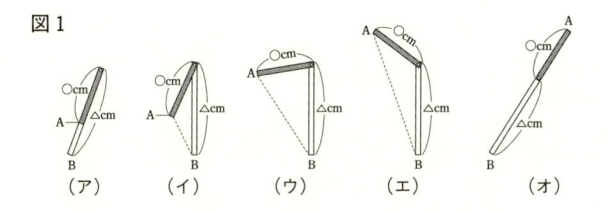

図1

(ア)　(イ)　(ウ)　(エ)　(オ)

（2）式から、(ア) の状態のAB間の距離より□cmのほうが長いことがわかります。また（1）式から、

3－5 「その対象は一つしかないものか」

(オ)の状態のAB間の距離より□cmのほうが短いことがわかります。したがって、(ア)から(オ)の状態に移る途中で、AB間の距離がちょうど□cmになるときがただ一つ存在し、それ以外にはないこともわかるでしょう。

このように、三角形において、

　　○＋△＞□　…(1)
　　○＋□＞△　…(2)
　　△＋□＞○　…(3)

の(1)〜(3)式を満たす○cm、△cm、□cmの長さの3辺が決まれば、ただひとつの三角形が「一意的に」定まるのです。

ところが四角形は上記のような性質をもちません。すなわち、四角形が存在するような4辺の長さ○cm、△cm、□cm、☆cmを与えても、それらの長さの4辺をもつ互いに異なる四角形はいくらでも存在します。たとえば、図2のように、4辺がすべて3cmの四角形もいくらでも存在するのです。

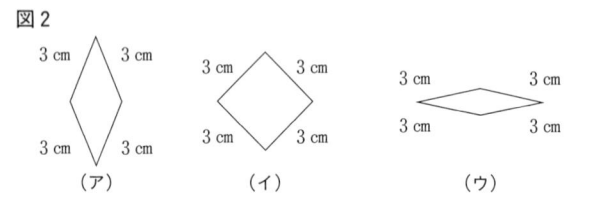

図2

| 3 cm 3 cm
3 cm 3 cm
(ア) | 3 cm 3 cm
3 cm 3 cm
(イ) | 3 cm 3 cm
3 cm 3 cm
(ウ) |

次に図形に関する発展的な例を紹介しましょう。長

方形 ABCD を図 3 のように半分に折ると、新しい長方形 EBCF ができます。

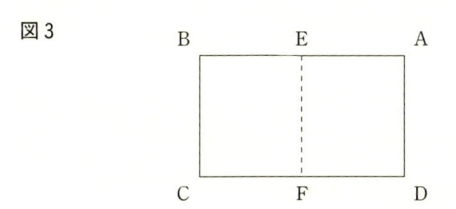

図3

さて、図4のように、BC = 10cm として AB 間の長さをいろいろ変えてみましょう。

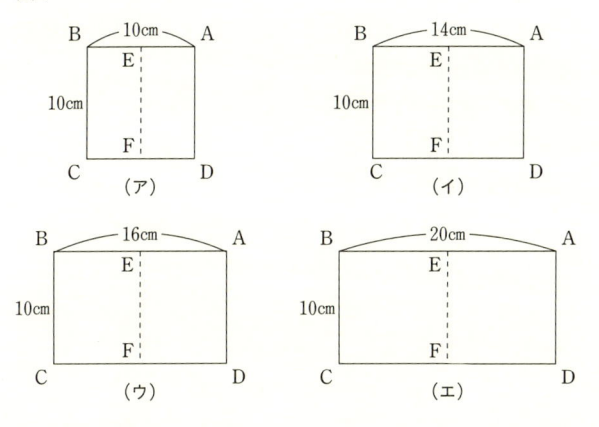

図4

ここで BC ÷ BE（すなわち、長方形 ABCD を半分に折ったときのタテ：ヨコの比）を（ア）、（イ）、

(ウ)、(エ) それぞれについて求めると、次のようになります。

  $10 \div 5 = 2$ (ア)
  $10 \div 7 = 1.428\cdots$ (イ)
  $10 \div 8 = 1.25$ (ウ)
  $10 \div 10 = 1$ (エ)

このように、徐々に小さくなっていきます。ここで(イ) の場合、

  $AB \div BC = 14 \div 10 = 1.4$

なので、半分に折っても（相似に近い）同じような形の長方形ができたことになります。ちなみに(ア)、(ウ)、(エ) については、半分に折ることによってだいぶ形の違う長方形が現れます。

実は、この (イ) のように、半分に折っても相似な長方形が現れるのは、

  $BC : AB = 1 : \sqrt{2}$

のときだけに限ります。

お気づきでしょうか。コピー用紙などの用紙の寸法でA4とかB5などというのはまさにそれで、A4、B5とはそれぞれA3、B4を半分に折ったものなのです。

たしかに、

  $\sqrt{2} = 1.41421356\cdots$

は中学校で学ぶ数です。しかしながら小学校のときに、いま述べたようにして"ただ一つの"数字の存在性を遊び心で知っておくと、中学生になってそれを習

うときの学習効果は相当大きいでしょう。

誕生日当てクイズはなぜ当たるのか

　数量に関しても、一意性の題材はいくらでもあります。たとえば、

　　　○＝△×□＋☆　…（4）

という関係は、○と△を定めてもたくさんあります。実際、

　　　○＝30, △＝7

のとき、□と☆を0以上としても、

　　　$30 = 7 \times 0 + 30$
　　　$30 = 7 \times 1 + 23$
　　　$30 = 7 \times 2 + 16$
　　　$30 = 7 \times 3 + 9$
　　　$30 = 7 \times 4 + 2$

の5種類があります。ところが、そのようなものの中で☆が最小となるのは、最後の式、すなわち

　　　☆＝2, □＝4

の場合だけに限ります。

　よく知られているように、それらはまさに30を7で割った余りと商になります。一般に○と△を定めた(4)式において、☆が0以上で最小の値をとるとき、☆を「○÷△の余り」、□を「○÷△の商」と言うのです。

　こうした数量に関する「一意性」の例に遊び心を加えたクイズを紹介しましょう。何年か前に作った「誕

生日当てクイズ」です。不思議な感じを残しつつ、子どもでも瞬時の暗算で解答を見つけられるギリギリのところで考察したものです。

【質問】生まれた日の数を10倍にしてください。その結果に生まれた月の数を足してください。次にその結果を2倍にしてください。最後にその結果に生まれた月の数を足してください。いくつになりましたか？

たとえば3月30日生まれの人にこの質問をすると、
$30 \times 10 = 300$
$300 + 3 = 303$
$303 \times 2 = 606$
$606 + 3 = 609$
と計算し、609と答えることになります。そして質問者は、609から3月30日を当てることができるのです。

このクイズは全国の子どもたちに対する出前授業でかなり受けるものですが、なぜ必ず当てることができるかといえば、その本質は計算の結果から誕生日が一意的に定まることにあります。すなわち、異なる誕生日の二人は必ず異なる数字を答えることになるのです（一意性の証明は『数学的ひらめき』参照）。この質問を式に直すと、$20 \times (日) + 3 \times (月)$ となります。解答の求め方は、この結果の数を20で割り、その余りが3の倍数であれば、それを3で割れば「月」が出ます。も

し、余りが3の倍数でない場合は、3×(月)≧20 ということですから、余りは 3×(月)−20 になっています。したがって、余りに20を加えた数を3で割れば「月」が出ます。「月」が求まれば、上の式により「日」は簡単に求まります。

　上で述べてきたように、「その対象は一つしかないものか」と自問する心を育むことは、数学として非常に大切なことです。専門的な数学の研究の世界でも、ある性質Pを満たす例の存在性を示し、次にそれが一意的であるか否かの研究をおこなうことがしばしばです。万が一、一意性が示されれば、その例は性質Pを満たすただ一つのものとして特徴づけられることになるからです。

　ほとんどの日本人数学者は数学を日本語で考えているように、日本語は厳密な論理展開をおこなううえで、何一つ不利なことはありません。しかし、三人称単数にsを付ける英語を日常的に用いる人たちと比べると、一つの存在か複数の存在かという疑問をもつ意識が、日本人は少し弱いといえるかもしれません。それはともかく、この「一意性」を常に意識しておくことは、数学の論証に限らず論理的に考え、説明をおこなううえで非常に大切になってくることは間違いないでしょう。

3 − 6 　左と右をどう「定義」する？

鏡の不思議

　論理的説明をおこなううえで「定義」の問題が大切なのは言うまでもありませんが、第3部の最後に、小学生の頃のちょっとした思い出話を紹介したいと思います。

　算数の苦手だった私が数学者になった理由のひとつとして思いつくのは、疑問に思ったこと、不思議に感じたことに関しては時間を忘れて考え続けたことにあります。「鏡の不思議」もそうでした。

　誰もが人生で一回は不思議に思うことのひとつに、鏡の左右と上下の話題があるのではないでしょうか。鏡に向かって立つと、「左右は逆になるのに、なぜ上下は逆にならないのか」という問題です。

　小学生の頃、この問題が不思議でならず、いろいろな"実験"をしたことを思い出します。「目が左右についているから、そのように見えるのではないか」という説を聞いて、片方の目を隠して鏡を見て確かめると、その説はどうやら正しくないと思ったり、首を横にして鏡を覗き込んだりもして、いろいろ考えていました。

　実際は鏡は左右も上下も逆に映すわけではなく左は左に、上は上に映っている、入れ替わっているのは前

後の関係だけである、と認識したのは、もちろん大人になってからのことです。

「鏡の不思議」の要点は、"鏡の中の人を通して見ること"が混乱の原因だったのでしょう。人間はつい、鏡の中の自分を通して左と右、上と下を考えてしまいます。だから、左は左に、右は右に映っているのに、左手が右手に反転して右手が左手に反転しているように思ってしまうのです。

実際、私がかつて、飼っていたコッカスパニエル犬を鏡の前に連れていくと、最初は必ずワンワンと吠えたように、鏡を見ている自分の立場だけから犬は鏡に映った映像を見ていました。だからこそ、犬が鏡を見ているときビスケットを上から左右に投げ分けると、鏡に映し出された方向に百パーセント正確に走って行ったのです。もし人間が、鏡の中にいる自分の立場に意識が集中しているときに同じ実験をすると、犬のように百パーセント正確に反応するかどうかは疑問です。

約束事は「伝えられる側」の立場で

いずれにしろ、小学生の頃、「鏡の不思議」の問題は何かと友だちとの間で話題に上り、なぜ左右は入れ替わるのか、「ああでもない、こうでもない」とさんざん話し合ったものでした。そして、それを出発点にして、"議論"はいつの間にか「左ってなに？」「右ってなに？」という話題に移っていたのです。

「左」あるいは「右」に関して、誰かが「これだ」と思う"定義"(当時は「約束」という言葉を使っていました)を述べると、「その約束だと横を向いている人には当てはまらないよ」とか、「その約束だと逆立ちしている人は反対に思っちゃうよ」などのように、必ず反論する側が優勢になってしまいます。

そのような"議論"を繰り返していくと、そのあとは「上ってなに?」「下ってなに?」という話に移っていきました。おそらく、上と下の定義ができれば、左右の定義において逆立ちを持ち出す反論は、ある程度克服できると考えていたのでしょう。そして、その友だちとの"議論"は次のように続いたことを、いまだに鮮明に覚えています。

「太陽が一番まぶしく見える時間に、地面に足の裏をつけて、頭を青空のほうに向けて立ったとき、足から頭への向きが上。その反対の向きが下ということにしたらどう?」と私。

「でもね。ずっとずっと地球の下に潜って行って、地球の中心も突き抜けて反対側のブラジルの地面に出るでしょ。そうすると、ブラジル人から見ると上なのに下になっちゃうよ」

「だったら、地球の中心から地球の地面の方向が上としたらどうなの」

「そうしたら、全部の方向が上になっちゃうよ」

「ということは、上や下は近い場所だけで約束するしかないね」

結局のところ、左右に関してきちんと定義することは難しいようです。ただ、どの方向を向いたときの左か右かをはっきり定義しておけば、相手に誤解なく伝わります。話し手と受け手の間で「誤解なく伝わる」ことが肝心なのではないでしょうか。

　たかが小学生の他愛もない会話で、左右や上下の「定義」を考えることに意味はないと思われる向きもあるかもしれません。しかしながら現在、数学を中心にした人生を振り返ってみると、以下述べるように、それらは大いにプラスになったと私は考えます。

　数学ではいくつかの仮定から結論を導くために、間違いのない議論を積み重ねていきますが、そこで用いる言葉や仮定に関して、人それぞれによって解釈が違っては意味をもちません。それだけに、なるべく誤解のない「約束事」が大切であり、一見、屁理屈とも思えるような左右や上下に関しての話し合いも、それなりに適当なトレーニングになっているのです。

　また、「約束事」が誤解なく伝わるか否かは、約束を設ける立場ではなく**約束を伝えられる側に立って考えられた**かどうかによって決まります。その点に関して付言しておくと、私立中学校の入試算数問題の文章に、受験者側に立った配慮に欠ける「約束事」がしばしば見られることは重大な問題です。その一端は本書〈3－2〉でも指摘しましたが、具体的に次のような事例を挙げておきます（詳しくは「日本数学教育学会誌」2005年第6号の拙論参照）。

・選挙に関する文章題で、必ず当選する条件をたずねているのか、当選することがありうる条件をたずねているのかが不明。
・オモリは天びんの両側に載せることを許すのか、片側だけに限定するのかが不明。
・船の速さは川の上りと下りそれぞれをたずねているのか、静水でのそれをたずねているのかが不明。
・理科的には起こりえない食塩水濃度を扱っている。
・選択肢に答えがあることを問題文で断らなければ、答えは一意的に定まらない問題である。
　——などなど、枚挙にいとまがありません。

『置換群から学ぶ組合せ構造』（日本評論社）という専門書の原稿を書いているとき、専門用語の扱いで相当苦い思いをして、時間を浪費したことがあります。というのは、左剰余類と右剰余類という用語における「左」と「右」が、専門家によってその意味をまったく逆にして扱われていることを突き止めたからです。

　どちらの立場で書き上げるかに時間を空費していたわけですが、定義の重要さをあらためて痛感しながら、幼い頃に友人と交わした「左と右」に関する議論をずっと思い出していたのです。

第4部
「数学上手」への道

4 − 1　数学は仮定から始まる

中学最初の試験は0点!

　私はこれまで、実に多くの教員や親御さんに出会ってきました。そして、大半の大人は子どもを見るときに、人間としての態度の「良い子」と「学校での成績のよい子」をほぼ同一視しているように感じます。しかし、私はそのような見方には反対で、学生と接するときも、人間と成績の良し悪しとはまったく別のものだと考えています。

　それは、私自身が子どもの頃にそのような見方を徹底した二人に育てられたからだと思います。一人は小学校の担任の先生で、もう一人は父親です。母親に「ふつうは人を成績の良し悪しで見る大人がほとんどです。先生とお父さんは例外中の例外と思ったほうがいい」と何度となく言われましたが、いま振り返っても、たしかにその二人は相当珍しい人間だったのでしょう。そのおかげで私は、小学校を卒業するまで成績がどんなに悪くても何も気にしない子どもでした。

　さて、中学校に進学すると、数学は最初から図形と数量の2つに分かれて授業がおこなわれていました。

　しばらくすると中間試験があり、まず図形（幾何）の試験の答案が返ってきました。すると周囲の友だちは答案用紙の右上隅の点数が記入されている部分を折

るのです。彼らはみな暗い顔をしているので、点数を気にして折っているのだと気づきました。そして私の答案用紙はと見ると、「0」と記入されていました。

　まもなく図形の先生の解説が始まると、その試験はなんと14点満点だったことがわかりました。その先生には3年間教えてもらいましたが、いつもそのような点数のつけ方で、17点とか19点とか満点がまちまちなのです。余談ですが、その採点法はなかなか合理的だと思い、私の大学での点数のつけ方もたいていそれと同じようにしています。

　その図形の試験が14点満点だと知ると、隣の席に座っていた友だちはほっとした表情になり、「あっ、そうか。するとこの試験の点数は7倍すると、ちょうど100点満点近くになる（14×7＝98）。ぼくは11点だから77点か。安心した」ということを話していました。その瞬間、私の0点には何を掛けても0点なので、さすがの私も点数にこだわる感情を初めてもったのです。そして授業が終わってから、私は人生で最初で最後の、点数に関する質問をしました。すると先生は、次のように答えてくださったのです。

　「オマエさんの答案は、こりゃなんだ？　ここの角度が30°なんて、どこにも仮定してないじゃないか。オマエさんが30°に見えただけじゃないか。仮定していないことを勝手に仮定したからこの答案は、はい0点。ほかにゴチャゴチャ書いてあることは一切採点しない。いいか、数学というものは、仮定したことから

結論を、きちんとした文を書いて導くんだぞ。仮定していないことを勝手に仮定するのは数学じゃない。数学ではそれが一番悪いことなんだ」

その説明を聞いて私は、「これはウマが合う面白い先生に出会ったものだ」という印象をもちました。

「算数のような難しいものは……」

数量（代数）の先生もユニークな方でした。ほどなくして数量の答案用紙も返ってきましたが、こちらは100点満点で40点近かったと思います。答案用紙をよく見てみると、途中で計算間違いをして最後の答えが間違っていても、正解に至るまでの方針を書いた答案には点数がもらえ、反対に最後の答えは合っていても、途中のプロセスをほとんど書かなかった答案には点数がついていませんでした。そして、生徒全員に対する先生の解説は、次のように実に楽しいものでした。

「私は算数のような難しいものは、さっぱりわかりません。

『2×3＝6　答え6』というようなことだけを答案に書いていたら、私は、これを書いた人は九九のおさらいを勝手にしているのかな、と思います。これは数学の試験なので、九九のおさらいではありません。説明の文章を書いてもらわなければ困ります」

その後も数量の授業のたびに、「私は算数のような難しいものは、さっぱりわかりません」と聞かされて

いたので、ついつい友だちと「あの先生、算数がわかんないのによく小学校を卒業したね」と冗談を言い合ったものでした。

　もちろん、その先生の〝真意〟はよく理解できました。「図形にしろ数量にしろ、仮定から最後の答えや結論に至る過程をしっかり書くことが大切。あとはポロポロ間違える計算ミスをなくすように、少し練習すればよい」と悟ったのです。

　その時点で私は、「他教科はともかく数学の成績を上げることは簡単で、過程をしっかり書くことと計算練習の２つだから、その方針で勉強してみよう」と思いました。もともと数や図形に関しては興味があったし、面白い話をする二人の数学教師をいい意味で見返してやろうと考えて、早速実行に移すことにしたのです。

　図形に関しては１学期のうちから作図文や証明文の指導を受けていたので、その文章をしっかり書く練習から始めました。数量に関しては計算練習帳が渡されていたので、それの全問を解く計画を立てました。そして、〈４−２〉、〈４−３〉で述べるようなスタイルで作図文・証明文を書く練習と計算練習を実行していったのです。

　数学の成績はあっという間に上昇し、中学１年の２学期以降は自信をもって学習していました。前後して、授業とは直接関係のない話題を扱った一般数学書も、図書館や本屋で探し出してはパラパラと読み始め

ていました。
「仮定していないことを勝手に仮定したからこの答案は、はい０点」という言葉と、「私は算数のような難しいものは、さっぱりわかりません」という言葉は、私の人生を決定づけた、生涯忘れられない言葉なのです。

4－2　多種多様な計算練習をおこなう

なぜ計算ミスがなくならないのか

何度も述べるように、私は中学1年の1学期まで、計算ではポロポロとミスを重ねていました。前節で述べたような経緯から数学を本格的に学ぼうと決めたまではよかったのですが、アインシュタインのような天才でも大器でもありませんから、計算ができなくても平気というわけにはいきません。あまりの計算力の弱さに、自分ながらイライラした感情を強く抱いたものです。

そして、学校から渡された計算練習帳の問題を順にすべて解いてみれば、計算力はかなり身につくのではないかと想像し、実行に移しました。いまから思うと、その計算練習帳との出会いには大きな幸運が待っていました。それは、考えられる限りの多種多様な問題が含まれていたからです。

とくに、小数と分数を混合させた文字式や方程式の問題が数多く用意されていて、問題によってどちらか便利なほうを選んで計算するセンスを身につけるうえで、最適な練習になったと思います。〈1－7〉でも触れましたが、最近の算数教科書には小数と分数を混合した計算問題がなく、小学校でそのような練習をしないまま中学校へ進学する子どもたちは気の毒としか

言いようがありません。また、その計算練習帳には長い式の問題がたくさんあり、計算規則の復習や等号「＝」を何度も使って一歩ずつ計算を進める癖も身についたのです。

　ここ数年、派手な宣伝に乗せられて、狭い範囲の同一形式の計算結果だけを表の中に急いで書き込むドリルを集中的におこなっている小学校高学年生が少なからずいます。そのような特殊なものだけできるようになったとしても、さまざまな計算力が要求される〝実戦〟では通用するはずがありません。

　話を計算ミスに戻しましょう。たとえば、疲れているときや神経が集中できないときは計算間違いが多くなります。また、急いで計算するときや、乱雑に書いているときも計算ミスは増えます。それゆえ、等号「＝」をしっかり記述して、きちんと書きながら計算練習をおこなうことが大切です。そのような練習を心がけることによって、計算の途中でミスをした場合、それを発見することも容易になるのです。

　ただ、上で述べた事柄は計算練習をおこなう本人の姿勢の問題です。実は、計算問題の中身にも計算間違いが多くなる要素が隠れています。どういうことかと言えば、同一形式の問題ばかり並んでいるときにはミスをしないものの、多種多様な問題が並ぶと急にミスがいくつも現れることがあるのです。おそらく多種多様な問題が並ぶと、多方面に神経を使う必要が生じることになり、それがミスの原因となるのでしょう。

たとえば、
$$-2x < \frac{1}{4}$$
の両辺を-2で割ると、
$$x > -\frac{1}{8}$$
となりますが、この計算では分数とプラスマイナスの符号、そして不等号の向きにも神経をつかわねばなりません。また、
$$-\frac{x-6}{6} = -\frac{x}{6} + 1$$
という計算では、マイナスとマイナスの積がプラスであることや、分母の数で分子を割るとき、すべての分子にそれが掛かっていることを忘れてはいないか、といった注意が必要です。

　以上の2つの例は計算ミスをしやすい典型的な例ですが、同種の問題だけをおこなうならばミスが現れないことも多いでしょう。ところが、多種多様な問題をおこなっているときには、上に示したようなところで、つまらないミスが増えてくるのです。

　あるいは、連立方程式を解くとき、代入法と加減法（消去法）というものが有名ですが、これも混合して練習しておくことが必要です。念のため、先にそれらの例を順に復習しておきましょう。

【代入法】

$2x + 3y = 5$ ⋯ (1)

$3x + y = 4$ ⋯ (2)

(2) 式から、

$y = -3x + 4$ ⋯ (3)

(3) 式を (1) 式に代入して

$2x + 3(-3x + 4) = 5$

$2x - 9x + 12 = 5$

$2x - 9x = 5 - 12$

$-7x = -7$

$x = 1$

(3) 式を用いて

$y = -3 + 4 = 1$

したがって、

$x = 1, \ y = 1$

が連立方程式の解である。

【加減法】

$2x + 3y = 5$ ⋯ (4)

$3x + y = 4$ ⋯ (5)

(5) 式の両辺を 3 倍すると

$9x + 3y = 12$ ⋯ (6)

(4) 式から (6) 式の辺々を引くと

$-7x = -7$

$x = 1$

(5) 式を用いて

$$3 \times 1 + y = 4$$
$$y = 4 - 3 = 1$$
したがって、
$$x = 1, \ y = 1$$
が連立方程式の解である。

 さて、多種多様な計算練習をおこなうメリットをまとめておくと、以下の2つです。
① ミスが現れやすくなり、自分の弱点が容易に見つけられる。
② 小数と分数のどちらで統一して計算するか、あるいは代入法と加減法のどちらで方程式を解くか、といった、問題に応じて上手な計算をおこなうためのセンスが磨かれる面もある。

 単に「分数で統一して計算しなさい」とか、「代入法で解きなさい」と指定している問題を解くだけでは、数学の学習法としては不充分なのです。

実戦的計算練習法

 また、計算問題を練習する過程では必ず○×をつけるでしょう。そこまでは誰もがおこなうことですが、ここからの対応は以下のようにまちまちです。「まあ、80点とれたからよいとしよう」、「50点だったので、もう一度やり直してみよう」、「95点だったから今回のことは忘れて、次は100点を目指そう」等々。

 実は、上記のような対応にはすべて問題が残りま

す。それは、×になった問題ではどこにミスがあったのかを明らかにして修正しなくては前進がないからです。私自身、中学1年で本格的に計算練習を始めたとき、最初は×だらけでした。しかし、×がついた問題のミスがあった部分を見つけ出し、それらを正解に至るまで完璧に修正しました（悔しいミスを発見すると、思わず「バカ、バカ、バカ」とひとり言を言いながら、自分の頭を手でポンポンと叩いたことを思い出します）。さらに、少し時間を置いてから、1回目で×がついた問題だけを集めて2回目の計算練習をおこなう。そのようなことを何度となく繰り返しました。

　私が家庭教師をしていたときも、×をつけた問題に対しては、生徒自らの力でミスがあった箇所を発見させ、そして必ず修正させたものです。もちろん、×をつけた問題だけを集めて2回目の計算練習もおこなわせましたが、2回目の成績は誰もが私の中学生時代のそれと比べてずっと優秀で、ミスを繰り返さない生徒たちの記憶のよさに、感心することがしばしばでした。自分の計算ミスはすぐに忘れてしまった私ですが、「計算ミスをした箇所は忘れない」ということは、とても大切なことなのです。

　最後に、計算練習のときのスピードについて述べましょう。

　本節の前半で述べたように、「＝」をしっかり記述して、きちんと書きながら計算練習をおこなうが

原則です。だからゆっくり時間をかけることが必要です。ただ、試験のときのように、実際には急いで計算しなければならないときもあるでしょう。そこで、自動車の運転やスキーを想像してみてください。自動車でもスキーでも、最初から速いスピードで練習することはなく、徐々にスピードを上げていくはずです。

　実は算数や数学の計算練習に関しても同じで、最初はゆっくりと丁寧におこない、徐々にスピードアップを図ればよいのです。スピードが速くなると、ミスは起こりやすくなるものです。それによって新たな×がつくこともあり、当然それに応じた修正をおこなうことになります。

　いずれにしろ、スピードを気にして速く計算練習をするのは最後の仕上げの段階であることを忘れてはなりません。初期の段階からストップウォッチをもち出して計算練習をするのは、いかがなものでしょうか。

4−3　作図文や証明文を書く

上達のための3つのヒント

　中学校で最初の数学の試験で0点をつけられたことは先に述べたとおりです。その理由を図形の先生に聞いた私は、「よし、今度は先生に文句の『も』の字も言わせない答案を書いてやろう」という気持ちが湧き上がり、ケチのつきようがない作図文や証明文を書くにはどうしたらよいのかを考えました。

　ヒントは先生の授業にありました。図形の先生は証明文に関してとくに重要な鍵となるような部分では声を大きくして話しているので、そのようなポイントを書くときは強調して書こう、と思いました。

　また、証明文のあいまいな部分を指摘された何人かの同級生が、「ふつうは……と考えるのではないでしょうか」とか、「常識的には〜のほうを選ぶのではないでしょうか」などと発言すると、図形の先生は「『ふつうは』とか『常識的に』とかいう言葉を図形の授業で使われても困るだけだ。そんな言葉を使うのではなくて、きちんと指示すべきだ」と何度も注意されていました。そこから、自分の書いた文から解釈できるあらゆる状況を常に想定し、必要ならばきちんと条件を指示しなくてはならないのだ、ということを悟りました。

たとえば図1のような円と直線からなる作図文を書くとき、交点が2つできたならば、そのどちらの交点でもよいのか、あるいは、そのどちらかの交点に限定すべきなのか、というようなことです。

図1

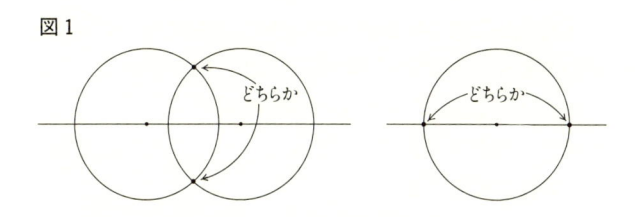

　さらに、黒板やノートの図を見ても、きたない図よりきれいな図のほうがわかりやすいので、コンパスや定規も使ってなるべくきれいな図を描くべきだと考えました。
　ここで横道にそれるようですが、「インチキ証明」をひとつ紹介しましょう。

図2

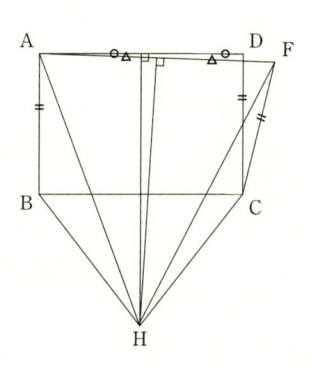

図2において四角形 ABCD は長方形で、CD = CF となっています。線分 AD と AF の垂直2等分線の交点を H とすると、H は線分 BC の垂直2等分線との交点にもなっています。したがって、

　　AH = HF（H は線分 AF の垂直2等分線上の点）
　　BH = CH（H は線分 BC の垂直2等分線上の点）

となります。さらに、四角形ABCDは長方形なので

　　AB = CD

であり、仮定から CD = CF なので、

　　AB = CF

が成り立ちます。ここで、三角形 ABH と三角形 FCH を比べると、上で述べたことから対応する3辺の長さはそれぞれ等しくなります。よって、三角形 ABH と三角形 FCH は合同になり、対応する角は等しいので、

　　∠ABH = ∠FCH

となります。ここで、

　　∠CBH = ∠BCH

　　　（H は線分 BC の垂直2等分線上の点）

なので、

　　∠ABH − ∠CBH = ∠FCH − ∠BCH
　　∠ABC = ∠FCB
　　∠R（直角）= ∠R（直角）+ ∠FCD

となり、直角は直角より大きい角度と等しくなります。

　これが「インチキ証明」であることはおわかりでし

ようか。このトリックは、線分HFが点Cより左側に位置するように作図していることなのです（正しい図は図3のようになります）。それによって、三角形ABHと三角形FCHを対比させて見ることができたのです。

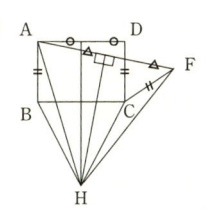

図3

以上は「インチキ証明」でしたが、図をいい加減に描いていると重大な勘違いを引き起こし、気づかないうちにインチキ証明をしてしまう教訓としての例でもあります。

いずれにしろ、作図文や証明文を書くためのヒントとして私が中学生のとき考えた、

①鍵の部分を強調すること
②読み手が解釈しうる、あらゆる状況を常に想定すること
③なるべくきれいな図を描きながら文を書くこと

の3点は、作図文や証明文をこれから書き始める生徒の心構えとして、いまでも勧めたい内容です。

また、文というものは最初から上手に書ける人はいないわけで、たくさん書いていくにしたがって、自然と上達するものと心得ましょう。

証明問題の喜び

さて、「好きこそものの上手なれ」という諺があ

りますが、証明問題を好きになった人たちの気持ちには、私を含めて共通するものがあります。それは、いままで攻略できなかった対象の攻略法を自分自身の力で発見するような喜びでしょう。そこにおいては、登山で苦労して登ってきた疲れが吹き飛ぶような満足感も加わります。そのような喜びや満足感をもつことができるので、さらなる問題にチャレンジする意欲が湧いてくるのです。

したがって、証明問題を始めたばかりの生徒にいきなり難しい問題を与えては、そのような感激を味わうことができません。そこで、やはりやさしい問題で自信をつけてから、徐々に難しい問題にチャレンジさせることは言うまでもないことです。

なお、証明には別ルートでの登山と同様に、「別証明」というものがあります。これは証明に関する発想を豊かにするうえでたいへん効果があります。

数学は登山やスキーと違って、人が普段入り込まない領域に足を踏み入れても身に危険はありません。むしろ、そのような世界に入り込むことによって、新たな発見をすることが少なくないのです。実はマークシート形式の問題というものは、解法のためのルートまでをも一意的に定めてしまっているのです。そのようなものだけに慣れてしまっては、別証明を楽しむ心の余裕などはもてないでしょう。私はマークシート形式の問題にはいろいろな立場から反対していますが、いまここで述べたこともそのひとつになります。

参考までに、私が中学生の頃、どのような別証明を考えていたかをひとつ紹介しましょう。

【問題】
線分 AB の中点 M を通る直線 l を考えます。ただし l は、線分 AB と重なることはなく、直交することもないとします。そして、A と B から l に垂線を引き、l との交点をそれぞれ C、D とします。このとき、
　　AC = BD
となることを証明しなさい。

図4

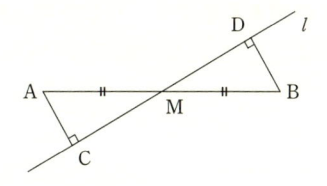

上の問題をふつうに証明するならば、おそらく次のように書くでしょう。

三角形 ACM と三角形 BDM において、
　　∠AMC = ∠BMD（対頂角）　　…①
　　∠ACM = ∠BDM = ∠R（直角）

4−3　作図文や証明文を書く　　189

$$\angle \text{CAM} = 180° - \angle \text{ACM} - \angle \text{AMC}$$
$$\angle \text{DBM} = 180° - \angle \text{BDM} - \angle \text{BMD}$$

よって、

$$\angle \text{CAM} = \angle \text{DBM} \quad \cdots ②$$

また、

$$\text{AM} = \text{BM} \quad (\text{M は線分 AB の中点}) \quad \cdots ③$$

したがって①, ②, ③より（1組の辺とその両端の角が等しい）、

$$三角形 \text{ACM} \equiv 三角形 \text{BDM}$$

となる。それゆえ対応する辺の長さは等しいので、

$$\text{AC} = \text{BD}$$

が成り立つ。

私が中学生のときに考えた別証明の概略は、次のようなものです。図4の状況を、一般性を失わせることなく、図5のように xy 座標平面で考えます。

直線 AC や BD の傾きは $-\dfrac{1}{a}$ となるので、それら

図5

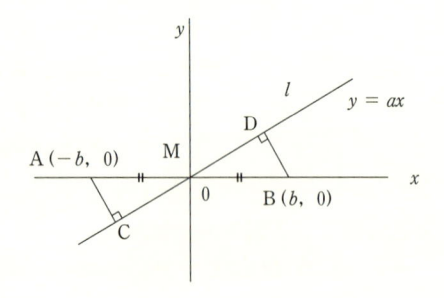

の直線の方程式はaとbを使って表せます。したがって、それらと直線lとの交点C、Dの座標は求まります。あとは三平方（ピタゴラス）の定理を用いて、ACとBDの長さを求め、それらが等しいことを示せば証明は完成します。

　もちろん、上の別証明の考え方は、登山にたとえれば、山頂まで安全な登山道があるにもかかわらず、あえて危険な岩壁をよじ登っていくようなものかもしれません。しかし、そのようなことにチャレンジすることによって、「一般角の2等分線が出てくる問題をxy座標平面にもち込んで考えることは、中学生では困難」とか「一般性を失わない範囲において、x軸、y軸、原点などの扱いやすい部分に図形を合わせるとよい」等々を学んだものです。

　最後に、**証明問題を考えるときはなるべく時間を気にしない**、ということを強く訴えておきます。

　ねばり強く考えてきちんとした証明文を書くうえで、時間を気にするのは最後のことです。およそ数学を得意とする者は、時間を忘れて考え抜く態度が身についています。考えている時間はムダになっているのではなく、たとえ証明問題の解法にたどり着かなくても、実はいろいろなことを学んでいることを忘れてはなりません。

　私自身の中学生時代を思い出しても、（健康に悪いことであまり勧められませんが）トイレに行きたくて

もじっと我慢して証明問題を考え続けていたことがよくありました。また当時、たまに優秀な大学生から証明について個人的な指導を受けましたが、2時間近くの指導の時間の全部を、ただじっと考えさせてもらったことがよくありました。降参して教えてもらうことが嫌でたまらなかったので、自分で解法を見つけるまで意固地になっていたのです。

　私は、学部生から大学院生の時代にかけて数多くの家庭教師をしましたが、証明問題に関してはなるべく生徒に考え続けさせるように指導していました。当時は、その方針をよく理解してくださった親御さんも多く、生徒の数学の力をあっという間にアップさせたものです。最近の親御さんはその方針をまるで理解できないようで、せっかく生徒が考え続けられるようになっているのに、「黙って何も教えない家庭教師はクビ！」などと馬鹿げたことを平然と言うような人もいると聞いています。

　日本社会全体が、ねばり強く考える子どもたちを大切にする方向に動くことを期待します。

4－4　一般数学書のすすめ

中学生の趣味として

　算数の苦手な小学生だった私も、中学1年のときに「多種多様な計算練習」と「作図文や証明文を書く練習」を実行に移すと、数学の成績は間もなく上昇しました。とはいえ成績にはほとんど関心がなかったので、興味の対象は自然と学校で習う以外の数学に向いていきました。

　その頃、教科書、学習参考書、計算練習帳以外の数学に関する本といえば、小学校の担任の先生からいただいた算数の図鑑だけでした。ちなみに私は2002年に『ふしぎな数のおはなし』(数研出版)を出版しましたが、これは明確に図鑑を意識してのことでした。

　ただ、図鑑はパラパラと見て興味・関心を高める本であって、あちこちに持ち運びながらじっくり読むものではありません。そこで学習とは直接関係のない数学書を探すために、中学1年の夏休み頃から図書館や書店の数学書コーナーに通うようになったのです。

　しかしながら、図書館は返却期間があってゆっくり読むことができません。また毎月の小遣いも限られていたことから、矢野健太郎や遠山啓といった著者の新書を中心に読み始めたのは必然でした。当時から私は、「数学書の〝面積〟としてのミニマムは新書であ

って、文庫は数式の関係で難しい」と感じていました。それは、新書より安価な文庫の数学書が見つからず、その理由を中学生ながらに自問して出した結論でした。

　読み方はもちろん速読ではありません。とにかく一歩ずつ丁寧に読んでいきました。わからないところは何時間でも考え、また図書館に行って調べたりもしました。そして、つまずいた箇所が理解できると、その要点を本の空白部分にメモとして残しました。実は、その読書スタイルは父親のそれで、私は単にまねをしただけなのかもしれませんが、広く数学を学ぶうえでは最適だったように思います。

　子どもの頃から鉄道が好きだった私は、中学2年の頃から列車内で数学書を読むことが趣味となっていました。信州の親戚の家へ行くときは、あえて時間のかかる各駅停車に乗り、山手線に乗るときもあえて時間のかかる逆回りの電車に乗り、時折車窓から外を眺めながら数学書を読んだりしたものです。

カントールに出会って

　さて、中学生時代にそのようにして一般数学書を読んで最も感激したのが、「カントールの対角線論法」というものでした。それについて、ごく簡単に説明すると次のようになります。もちろん、この部分は飛ばして先を読んでいただいても構いません。

　次の図1では集合AとBに関して、構成する要素

同士に漏れることなく1つずつの対応がついています（専門用語では「全単射」といいます）。

図1

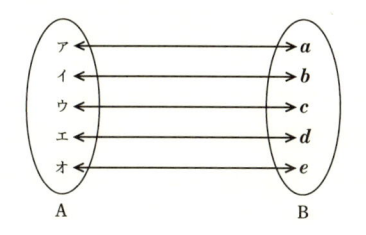

```
      A              B
     ア ←―――→ a
     イ ←―――→ b
     ウ ←―――→ c
     エ ←―――→ d
     オ ←―――→ e
```

　実は、一般に集合AとBが有限個だけの要素からなる場合には、それらの構成する要素の個数が等しいときのみ、漏れることなく1つずつの対応がつきます。その概念を構成する要素の個数を無限個の集合同士まで拡張すると、面白い事態が起こるのです。
　図2は、自然数（正の整数）全体の集合と整数全体の集合が漏れることなく1つずつ対応がつく（！）ことを示しています。

図2

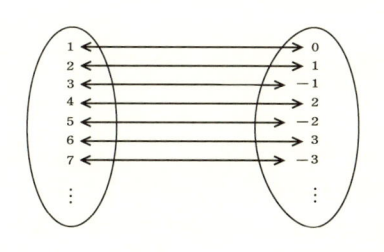

```
     1 ←―――→  0
     2 ←―――→  1
     3 ←―――→ -1
     4 ←―――→  2
     5 ←―――→ -2
     6 ←―――→  3
     7 ←―――→ -3
     ⋮           ⋮
```

4-4　一般数学書のすすめ　195

カントールの対角線論法とは、「自然数全体の集合Nと、(数直線上のすべての点に対応する) 実数全体の集合Rの間には、漏れることなく1つずつの対応がつくことはありえない」ということの背理法による証明法です。

そこにおいては、たとえば7.25を7.25000…というように無限小数表示するようにすれば、どんな実数も必ず無限小数表示ができることを用いています。そして図3のように、NとRの間に漏れることなく1つずつの対応がつくとします。

図3

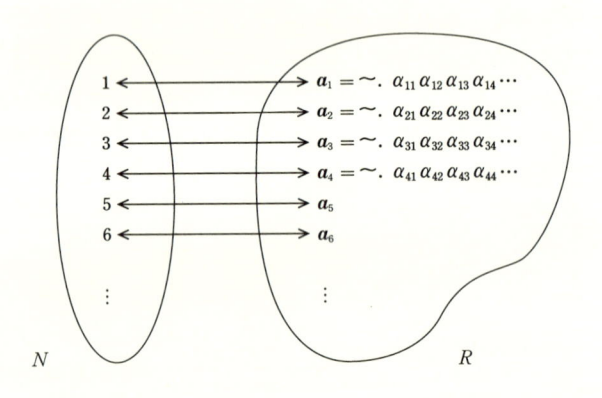

Rを構成する要素の表記において、たとえば
$$a_1 = 27.615938\cdots$$
という数字ならば、〜は27で、

$\alpha_{11}=6,\ \alpha_{12}=1,\ \alpha_{13}=5,\ \alpha_{14}=9,\ \cdots$

となっています。また、

$a_2 = -3.412649\cdots$

という数字ならば、〜は -3 で、

$\alpha_{21}=4,\ \alpha_{22}=1,\ \alpha_{23}=2,\ \alpha_{24}=6,\ \cdots$

となっています。

いま、小数第1位が b_1、小数第2位が b_2、小数第3位が b_3、小数第4位が b_4、……となっている無限小数

$x = 0.b_1 b_2 b_3 b_4 \cdots$

で、

$b_1 \neq \alpha_{11},\ b_2 \neq \alpha_{22},\ b_3 \neq \alpha_{33},\ b_4 \neq \alpha_{44},\ \cdots$

を満たしているものを考えます。

すると、R の要素である x に対応する N の要素は存在しません。なぜならば、もし N の要素である n が R の要素 x に対応しているとすると、

$x = a_n = \sim.\alpha_{n1}\alpha_{n2}\alpha_{n3}\alpha_{n4}\cdots$

となり、

$b_1 = \alpha_{n1},\ b_2 = \alpha_{n2},\ b_3 = \alpha_{n3},\ b_4 = \alpha_{n4},\ \cdots$

となります。ところが、

$b_n \neq \alpha_{nn}$

ということがもともとの条件だったので、これは矛盾です。

中学生のとき、上のカントールの対角線論法に感激した私は、「有限の世界と無限の世界との間には信じ

られない違いがある。ほかにも絶対に面白い事実があるだろう」と考えました。そして小学生の頃に疑問に思った「割り切れない分数はなぜ繰り返すか?」という問題をもう一度考えてみたところ、それをそのまま標題とした〈1－4〉の項で述べた説明を思いついたのです。その後、私は1979年に「無限次数4重可移置換群の4点の固定部分群の位数は無限」(J. London Math. Soc. (2), vol. 19) という定理を証明しましたが、証明が完成した瞬間、カントールの対角線論法に感激した中学生当時の自分自身を大いに懐かしく思い出したのでした。

　思い返してみると、私が矢野健太郎や遠山啓らの新書に出会えたことは、まことに幸運だったと思います。書店の学習参考書コーナーまでにとどまって、そこで興味ある本と出会えなければ、きっと諦めてしまったことでしょう。

　自著の宣伝になりますが、もしも身近に数学に興味をもち始めた中学・高校生がいたら、算数・数学のつまずきを解説した『算数・数学が得意になる本』(講談社現代新書) と、数学の応用の考え方をまとめた『数学的ひらめき』(光文社新書) を勧めていただければと思います。この2冊は自分自身が数学の新書で育ったという想いを強くもって書いたものですので、これによってまた新しい芽が育つことを大いに期待しているからです。

そして新書に限らず、中学・高校生の科学に対する興味・関心を満たしてくれる本がどんどん出てくればと思います。

　いま、書店の新書コーナーに足を運ぶ読者層は年配のビジネスマンが中心になっているようです。一方、学習参考書のコーナーには、いつまで経っても、同一パターンの〝脳が活性化する〟計算ドリルや教科書準拠の学習参考書や入試対策参考書ばかりが所狭しと山のように並んでいます。こうした光景は、諸外国から見ればやはり異常に見えるでしょう。

　あらゆる教育関係の国際比較で、日本の子どもたちは「なぜ学習するのか」という目的意識や各教科に対する興味・関心が著しく低いことが指摘されています。だからこそ、各書店の学習参考書コーナーで書店革命を起こすぐらいのことが必要ではないでしょうか。

　もっと広く、科学に対する子どもたちの関心を高めるような楽しい本が、書店や図書館でたくさん並べられる日が日本に来ることを祈りたいと思います。

おわりに

　白熱電球、蓄音機をはじめ数多くの発明をしたトーマス・エジソン（1847-1931）は、「天才とは、1％のひらめきと99％の努力である」という言葉を残したことでも有名です。「ひらめき」と「努力」の比率に対する考え方をめぐっては諸説あるようですが、「どうして、人間は努力するようになるのか」という部分にも目を向けなくてはならないはずです。
　エジソンは小学校に入学した頃、「なぜ？」「どうして？」と多くの疑問を先生にぶつけ、それが原因で学校をやめることになり、しばらくは母親に勉強を習いましたが、やがて自分で働きながら時間を作っては、好きな実験をするようになりました。そのエジソンは、若い人たちに「決して時計を見るな」という言葉も残しています。興味をもったことについては時間を忘れて、いろいろ試行錯誤しながら考えることを強く訴えたのです。
　「好きこそものの上手なれ」という諺がありますが、これは「好きなことは熱心に工夫しながら努力するので、自然と目に見えて上達する」ことを意味しています。そのように、「努力」するための動機は、興味・関心をもって好きになることが一番なのです。
　ところが現在の日本を見ると、子どもを勉学で「努力」させる目的は、大学進学であったり就職であった

り、他人よりよい成績を収めたりといったものがほとんどです。すなわち「初めに努力ありき」の教育で、自然と努力するようになる教育にはおよそ関心がもたれないのです。

　私がここ数年、とくに出前授業を積極的に引き受けているのは、多くの文系大学生や社会人から「先生の身近な算数・数学の楽しい話をもっと早くに聞いていたら、絶対に数学好きになったと思います」という話をよく聞かされるからです。そのたびに私は、「三つ子の魂百まで」という諺を思い出します。そして、算数・数学を好きになってもらえれば、成績は自然と上向くだろうと考えています。

　もうひとつ、本書で強調したかったのは、「プロセスを大切に」ということでした。

　私は2007年11月21日に大阪の堺市教育委員会の招きで、400人近い小学校の先生を前に算数教育について講演しました。その翌日に、父親の入院していた病院を見舞いに訪れたのは、かつて勤めていた会社の関係で父親が堺市に数ヵ月間滞在していたことがあったので、その報告も兼ねてのことでした。そして病院からの電話で本書の最終企画案を編集者と確認し、父親のユニークな「面積導入法」を本書で紹介することも決まりました。見舞いの最後にそのことを伝えたところ、笑ってとても嬉しそうな表情を示しましたが、それが私との最後の会話になり、3日後に帰らぬ人となりました。

数学とは無縁な父親でしたが、私の数学教育に関する活動の中で、父親が最も評価し、喜んでくれていたのが、「考えるプロセスが大切」という主張でした。

　私は全国どこの出前授業でも、直前に「今日これからの生徒との偶然の出会いが、生徒の将来にとって大きなプラスになりますように」と簡単に祈りを捧げます。それは本書でも紹介したように、思わぬ人との偶然の出会いが大いにプラスになっている面がたくさんあるからです。

　最後に。この小著も偶然の出会いによって生まれました。私はすでに20冊以上の算数・数学に関する本を出版してきましたが、その中でとくに話題となったのは現代新書の『算数・数学が得意になる本』と『数学的思考法』の2冊です。それらを編集してくださった現・学術文庫出版部の阿佐信一さんと、現代新書出版部の松岡智美さん両編集者の御尽力により本書は完成したのであり、ここに心から感謝の意を表します。

　　2008年5月　　　　　　　　　　　　　　　芳沢光雄

N.D.C. 410 202p 18cm
ISBN978-4-06-287946-0

講談社現代新書　1946
ぼくも算数が苦手だった
2008年6月20日第1刷発行

著　者	芳沢光雄　©Mitsuo Yoshizawa 2008
発行者	野間佐和子
発行所	株式会社講談社
	東京都文京区音羽2丁目12-21　郵便番号112-8001
電　話	出版部 03-5395-3521
	販売部 03-5395-5817
	業務部 03-5395-3615
装幀者	中島英樹
印刷所	大日本印刷株式会社
製本所	株式会社大進堂

定価はカバーに表示してあります　Printed in Japan

R〈日本複写権センター委託出版物〉
本書の無断複写(コピー)は著作権法上での例外を除き、禁じられています。
複写を希望される場合は、日本複写権センター(03-3401-2382)にご連絡ください。
落丁本・乱丁本は購入書店名を明記のうえ、小社業務部あてにお送りください。
送料小社負担にてお取り替えいたします。
なお、この本についてのお問い合わせは、現代新書出版部あてにお願いいたします。

「講談社現代新書」の刊行にあたって

教養は万人が身をもって養い創造すべきものであって、一部の専門家の占有物として、ただ一方的に人々の手もとに配布され伝達されうるものではありません。

しかし、不幸にしてわが国の現状では、教養の重要な養いとなるべき書物は、ほとんど講壇からの天下りや単なる解説に終始し、知識技術を真剣に希求する青少年・学生・一般民衆の根本的な疑問や興味は、けっして十分に答えられ、解きほぐされ、手引きされることがありません。万人の内奥から発した真正の教養への芽ばえが、こうして放置され、むなしく滅びさる運命にゆだねられているのです。

このことは、中・高校だけで教育をおわる人々の成長をはばんでいるだけでなく、大学に進んだり、インテリと目されたりする人々の精神力の健康さえもむしばみ、わが国の文化の実質をまことに脆弱なものにしています。単なる博識以上の根強い思索力・判断力、および確かな技術にささえられた教養を必要とする日本の将来にとって、これは真剣に憂慮されなければならない事態であるといわなければなりません。

わたしたちの「講談社現代新書」は、この事態の克服を意図して計画されたものです。これによってわしたちは、講壇からの天下りでもなく、単なる解説書でもない、もっぱら万人の魂に生ずる初発的かつ根本的な問題をとらえ、掘り起こし、手引きし、しかも最新の知識への展望を万人に確立させる書物を、新しく世の中に送り出したいと念願しています。

わたしたちは、創業以来民衆を対象とする啓蒙の仕事に専心してきた講談社にとって、これこそもっともふさわしい課題であり、伝統ある出版社としての義務でもあると考えているのです。

一九六四年四月　野間省一

自然科学・医学

- 7 物理の世界 ── 湯川秀樹/片山泰久/山田英二
- 15 数学の考え方 ── 矢野健太郎
- 1126 「気」で観る人体 ── 池上正治
- 1138 オスとメス＝性の不思議 ── 長谷川真理子
- 1141 安楽死と尊厳死 ── 保阪正康
- 1328 「複雑系」とは何か ── 吉永良正
- 1343 カンブリア紀の怪物たち ── サイモン・コンウェイ・モリス／松井孝典 監訳
- 1349 〈性〉のミステリー ── 伏見憲明
- 1427 ヒトはなぜことばを使えるか ── 山鳥重
- 1500 科学の現在を問う ── 村上陽一郎
- 1511 優生学と人間社会 ── 米本昌平/松原洋子/橳島次郎/市野川容孝
- 1581 先端医療のルール ── 橳島次郎

- 1598 進化論という考えかた ── 佐倉統
- 1689 時間の分子生物学 ── 粂和彦
- 1700 核兵器のしくみ ── 山田克哉
- 1706 新しいリハビリテーション ── 大川弥生
- 1716 脳と音読 ── 川島隆太/安達忠夫
- 1759 文系のための数学教室 ── 小島寛之
- 1771 微生物 vs. 人類 ── 加藤延夫
- 1778 鉄理論＝地球と生命の奇跡 ── 矢田浩
- 1786 数学的思考法 ── 芳沢光雄
- 1805 人類進化の七〇〇万年 ── 三井誠
- 1840 算数・数学が得意になる本 ── 芳沢光雄
- 1846 生きているということの科学 ── 郡司ペギオ-幸夫
- 1851 名山へのまなざし ── 齋藤潮

- 1860 ゼロからわかるアインシュタインの発見 ── 山田克哉
- 1861 〈勝負脳〉の鍛え方 ── 林成之
- 1876 産む・産まない・産めない ── 松岡悦子 編
- 1880 満足死 ── 奥野修司
- 1881 「生きている」を見つめる医療 ── 中村桂子/山岸敦
- 1887 物理学者、ゴミと闘う ── 広瀬立成
- 1891 生物と無生物のあいだ ── 福岡伸一
- 1894 がん闘病とコメディカル ── 福原麻希
- 1925 数学につまずくのはなぜか ── 小島寛之
- 1929 脳のなかの身体 ── 宮本省三

J

政治・社会

- 1038 立志・苦学・出世 — 竹内洋
- 1145 冤罪はこうして作られる — 小田中聰樹
- 1201 情報操作のトリック — 川上和久
- 1338 〈非婚〉のすすめ — 森永卓郎
- 1365 犯罪学入門 — 鮎川潤
- 1410 「在日」としてのコリアン — 原尻英樹
- 1488 日本の公安警察 — 青木理
- 1526 北朝鮮の外交戦略 — 重村智計
- 1540 戦争を記憶する — 藤原帰一
- 1543 日本の軍事システム — 江畑謙介
- 1567 〈子どもの虐待〉を考える — 玉井邦夫
- 1662 〈地域人〉とまちづくり — 中沢孝夫

- 1726 現代日本の問題集 — 日垣隆
- 1739 情報と国家 — 江畑謙介
- 1742 教育と国家 — 高橋哲哉
- 1767 武装解除 — 伊勢﨑賢治
- 1768 男と女の法律戦略 — 荘司雅彦
- 1774 アメリカ外交 — 村田晃嗣
- 1807 「戦争学」概論 — 黒野耐
- 1837 若者殺しの時代 — 堀井憲一郎
- 1842 愛国者は信用できるか — 鈴木邦男
- 1844 「関係の空気」「場の空気」 — 冷泉彰彦
- 1853 奪われる日本 — 関岡英之
- 1866 欲ばり過ぎるニッポンの教育 — 苅谷剛彦／増田ユリヤ
- 1868 エコシフト — マエキタミヤコ

- 1869 朝鮮半島「核」外交 — 重村智計
- 1873 ウェブが創る新しい郷土 — 丸田一
- 1884 核武装論 — 西部邁
- 1888 50年前の憲法大論争 — 保阪正康 監修
- 1893 司法は腐り人権滅ぶ — 井上薫
- 1897 金正日と日本の知識人 — 川人博
- 1898 まだ、タバコですか? — 宮島英紀
- 1903 裁判員制度の正体 — 西野喜一
- 1909 学校は誰のものか — 戸田忠雄
- 1917 日本を降りる若者たち — 下川裕治
- 1920 ニッポンの大学 — 小林哲夫
- 1921 モテたい理由 — 赤坂真理
- 1927 世界を動かす人脈 — 中田安彦

D

知的生活のヒント

- 78 大学でいかに学ぶか —— 増田四郎
- 86 愛に生きる —— 鈴木鎮一
- 240 生きることと考えること —— 森有正
- 327 考える技術・書く技術 —— 板坂元
- 436 知的生活の方法 —— 渡部昇一
- 553 創造の方法学 —— 高根正昭
- 587 文章構成法 —— 樺島忠夫
- 648 働くということ —— 黒井千次
- 705 自分らしく生きる —— 中野孝次
- 722 「知」のソフトウェア —— 立花隆
- 1027 「からだ」と「ことば」のレッスン —— 竹内敏晴
- 1468 国語のできる子どもを育てる —— 工藤順一

- 1485 知の編集術 —— 松岡正剛
- 1517 悪の対話術 —— 福田和也
- 1546 駿台式！本当の勉強力 —— 大島保彦・霜栄・小林隆章・野島博之・鎌田真彰
- 1563 悪の恋愛術 —— 福田和也
- 1603 大学生のためのレポート・論文術 —— 小笠原喜康
- 1620 相手に「伝わる」話し方 —— 池上彰
- 1626 河合塾マキノ流！国語トレーニング —— 牧野剛
- 1627 インタビュー術！ —— 永江朗
- 1668 脳を活かす！必勝の時間攻略法 —— 吉田たかよし
- 1677 大学生のためのレポート・論文術　インターネット完全活用編 —— 小笠原喜康
- 1679 子どもに教えたくなる算数 —— 栗田哲也
- 1684 悪の読書術 —— 福田和也
- 1729 論理思考の鍛え方 —— 小林公夫

- 1777 ほめるな —— 伊藤進
- 1781 受験勉強の技術 —— 和田秀樹
- 1803 大学院へ行こう —— 藤倉雅之
- 1806 議論のウソ —— 小笠原喜康
- 1831 知的な大人の勉強法　英語を制する「ライティング」 —— キム・ジョンギュー
- 1855 だまされない〈議論力〉 —— 吉岡友治
- 1856 「街的」ということ —— 江弘毅
- 1863 カレーを作れる子は算数もできる —— 木幡寛
- 1865 老いるということ —— 黒井千次
- 1870 組織を強くする技術の伝え方 —— 畑村洋太郎
- 1895 入門！システム思考 —— 枝廣淳子・内藤耕
- 1896 大人のための「学問のススメ」 —— 工藤庸子・岩永雅也
- 1930 視点をずらす思考術 —— 森達也

日本語・日本文化

- 105 タテ社会の人間関係 ── 中根千枝
- 293 日本人の意識構造 ── 会田雄次
- 444 出雲神話 ── 松前健
- 937 カレーライスと日本人 ── 森枝卓士
- 1193 漢字の字源 ── 阿辻哲次
- 1200 外国語としての日本語 ── 佐々木瑞枝
- 1239 武士道とエロス ── 氏家幹人
- 1262 「世間」とは何か ── 阿部謹也
- 1384 マンガと「戦争」── 夏目房之介
- 1432 江戸の性風俗 ── 氏家幹人
- 1448 日本人のしつけは衰退したか ── 広田照幸
- 1551 キリスト教と日本人 ── 井上章一

- 1553 教養としての〈まんが・アニメ〉── 大塚英志
- 1618 まちがいだらけの日本語文法 ── 町田健
- 1703 「おたく」の精神史 ── 大塚英志
- 1718 〈美少女〉の現代史 ── ササキバラ・ゴウ
- 1738 大人のための文章教室 ── 清水義範
- 1762 性の用語集 ── 井上章一・関西性欲研究会
- 1878 茶人たちの日本文化史 ── 谷晃
- 1886 思いやりの日本人 ── 佐藤綾子
- 1889 なぜ日本人は劣化したか ── 香山リカ
- 1901 モスラの精神史 ── 小野俊太郎
- 1916 国語審議会 ── 安田敏朗
- 1923 にっぽんの知恵 ── 高田公理
- 1928 漢字を楽しむ ── 阿辻哲次

『本』年間予約購読のご案内
小社発行の読書人向けPR誌『本』の直接定期購読をお受けしています。

お申し込み方法
ハガキ・FAXでのお申し込み　お客様の郵便番号・ご住所・お名前・お電話番号・生年月日(西暦)・性別・職業と、購読期間(1年900円か2年1,800円)をご記入ください。
〒112-8001　東京都文京区音羽2-12-21　講談社　読者ご注文係『本』定期購読担当
電話・インターネットでのお申し込みもお受けしています。
TEL 03-3943-5111　FAX 03-3943-2459　http://shop.kodansha.jp/bc/

購読料金のお支払い方法
お申し込みと同時に、購読料金を記入した郵便振替用紙をお届けします。
郵便局のほか、コンビニでもお支払いいただけます。